Mein Hund wird alt

Foto © Pablo Diaz für LILA LOVES IT

Dorothee Dahl

Mein Hund wird alt

Gesund und glücklich durch die letzten Jahre

CADMOS

Hunde

kommen in unser Leben,
um uns das Lieben zu lehren
und sie gehen,
damit wir lernen,
mit Verlust zu leben.

Ein neuer Hund
ersetzt niemals einen alten Hund.

Er weitet lediglich
unser Herz.

(Autor unbekannt)

Foto © Nadine Peeters

Haftungsausschluss:

Autorin und Verlag haben den Inhalt dieses Buches mit großer Sorgfalt und nach bestem Wissen und Gewissen zusammengestellt. Für eventuelle Schäden an Mensch und Tier, die als Folge von Handlungen und/oder gefassten Beschlüssen aufgrund der gegebenen Informationen entstehen, kann dennoch keine Haftung übernommen werden. Bei gesundheitlichen Beschwerden des Hundes empfehlen Verlag und Autorin grundsätzlich die Abklärung durch einen Tierarzt.

Gender-Erklärung:

Aus Gründen der besseren Lesbarkeit verzichten wir im Cadmos Verlag auf die gleichzeitige Verwendung der Sprachformen männlich, weiblich und divers (m/w/d) und wählen jeweils die männliche oder weibliche Form von personenbezogenen Hauptwörtern. Dies soll jedoch keinesfalls eine Geschlechterdiskriminierung oder eine Verletzung des Gleichheitsgrundsatzes zum Ausdruck bringen. Frauen, Männer und Diverse mögen sich von den Inhalten unserer Publikationen gleichermaßen angesprochen fühlen.

Impressum

CADMOS im CADMOS Verlag

Covergestaltung, grafisches Konzept, Satz: Gerlinde Gröll, www.cadmos.de

Layout, Satz: Greta Grünsteidl

Fotos am Umschlag: Janine Hegendorf (Coverbild), Jil Ziegner (Porträt Autorin)

Lektorat: Babette van der Meer

Druck: www.graspo.com

Deutsche Nationalbibliothek – CIP-Einheitsaufnahme

Die Deutsche Nationalbibliothek verzeichnet diese Publikation in der Deutschen Nationalbibliografie; detaillierte bibliografische Daten sind im Internet über http://dnb.ddb.de abrufbar.

Printed in EU

ISBN: 978-3-8404-2077-1

Inhalt

Mit einem Hund aufwachsen zu können, ist für Kinder ein großes Glück. Finn war schon da, bevor Lars auf die Welt kam.

Foto © Janine Hegendorf

Inhalt

Ursula Löckenhoff ist mit Hunden jeden Alters und ganz verschiedenen Rassen unterwegs.

Foto © Leonie Löckenhoff

VORWORT

„Hunde machen mein Leben vollkommen", sagt Ursula Löckenhoff, die in ihrem Hundehotel Bene Bello den unterschiedlichsten Hunden gemütliche Schlafplätze bietet. Die herzliche und erfahrene Hundephysiotherapeutin und Autorin macht tägliche hundegerechte Ausflüge mit den ihr anvertrauten Tieren und sorgt für ein gutes Zusammenleben der vierbeinigen Besucher in ihrem Haushalt. Ursula Löckenhoff begleitet Hunde in allen Lebensphasen und weiß, was Hundesenioren brauchen, um sich im Leben und in der Gruppe wohlzufühlen. Wer mehr über Ursula Löckenhoff und ihre Arbeit erfahren möchte, findet dazu weitere Informationen im Anhang.

„Ein Hund begleitet seinen Menschen ein kurzes oder längeres Stück auf dessen Lebensweg, für ihn selbst ist diese Zeit sein ganzes Leben. Auch mit fortschreitendem Alter verlieren Hunde niemals ihren Glauben an uns, und obwohl ihre Knochen anfangen zu zwicken, sind sie zufrieden und genießen jeden Tag aufs Neue – diese optimistische Lebenseinstellung dürfen wir uns gern von ihnen abschauen.

Je älter der Hund wird, desto weniger Worte sind nötig. Oft reicht eine kleine Geste oder ein Blick aus, um miteinander zu kommunizieren. Diese wundervolle Vertrautheit beschreibt die Autorin hier im Buch.

Hunde lassen uns an ihren Entwicklungsprozessen teilhaben. Mein weißer Schäferhund Wolfi war drei Jahre, als unser treuer Gefährte, der Galgo Español Macano, starb. Es war ein großer Verlust für uns alle, denn nicht nur Wolfi fehlte die Souveränität, die klare Haltung und das Wissen des Altrüdens – auch ich musste mich ohne ihn neu aufstellen. Meine kleine Kelpie-Mix-Hündin Kora hat mir in der Situation sehr geholfen. Sie war bereits acht Jahre alt, als ich sie aus einem deutschen Tierheim adoptierte. In Zusammenarbeit mit dem Menschen gibt sie sich bis heute introvertiert und verschlossen, aber in der Interaktion mit Hunden kennt sie sich aus. Es ist immer wieder erstaunlich, was Hunde untereinander an sozialen Diensten leisten. Sie holte Wolfi aus seiner Trauer, brachte ihn zurück in seine Aufgabe, und mit ihrer ruhigen Ausstrahlung gab sie ihm den nötigen Halt. So gestaltet sich im Alltag mit Hunden jeder Abschied auch immer wieder zum Neuanfang.

Die altersweisen Hunde haben mich gelehrt, sie aus einem anderen Blickwinkel zu betrachten, sie als Persönlichkeiten wahrzunehmen und Kompromisse für ein respektvolles Zusammenleben zu finden. Ihr tiefes Wissen, ihre Gelassenheit und ihre Einstellung: „Alles ist gut, solange wir beisammen sind", macht das Zusammenleben mit älteren Hunden einfach magisch.

Dieses wunderbare Buch ist eine Hommage an den Hund, der in die Jahre kommt. Es wird dazu beitragen, dass sie alle eine erfüllte und sorgenfreie Zeit an der Seite ihres Menschen verbringen dürfen – danke dafür …"

Herzlichst

Ursula Löckenhoff

SOULMATES: Seite an Seite durchs Leben

Kennst du diese besonderen Momente, in denen du deinem Hund in die Augen schaust und die tiefe Verbindung spüren kannst, die sich im Lauf der Jahre zwischen euch entwickelt hat? Augenblicke, in denen Erinnerungen an gemeinsame Erlebnisse und manchmal auch an Hoffen und Bangen zwischen Leben und Tod hochkommen und dir die Endlichkeit des Zusammenseins bewusst wird? Vielleicht ist dein Hund noch jung und die Zeit des Abschieds weit weg, trotzdem wünsche ich dir, dass du jeden Tag mit deinem vierbeinigen Begleiter feiern und genießen kannst. Jeder Hund bringt etwas Wichtiges in dein Leben, und je eher du es entdeckst, desto tiefer kann eure Beziehung werden.

Was es bedeutet, mit einem alten Hund zu leben

Schon viele Male durfte ich die besondere Zeit des Alters mit unterschiedlichen Hundepersönlichkeiten intensiv erfahren und durchleben. Mit jedem Hunde war es anders, immer haben mir die Tiere etwas mitgegeben was ich lernen und integrieren durfte. Wenn du dich traust, dich auf eine tiefe Verbindung mit deinem Hund einzulassen, ist es ein Prozess, der dich auch als Mensch wachsen und reifen lässt. Es ist etwas Großes und Wichtiges, wenn wir dieser Erfahrung den Platz einräumen, den sie verdient. In diesem Buch kommen auch andere Besitzer alter Hunde zu Wort. Sie berichten, wie sie mit ihren alten Hunden leben, was sich mit dem Alter des geliebten Vierbeiners verändert hat und was sie daraus gelernt haben. Alle bringen wertvolle Tipps für den Alltag mit Hundesenioren mit, die auch für andere alte Hunde anwendbar sind. In jeder Story zeigt sich, wie die gegenseitige Liebe im letzten Lebensabschnitt des Hundes spürbar ist und was es braucht, um aufmerksam und bewusst auf die veränderten Bedürfnisse des langjährigen Gefährten eingehen zu können.

Herausforderungen

Die Zeit ist nicht immer einfach, sie kann dich vielleicht sogar an deine Belastungsgrenzen bringen und dir Situationen bescheren, in denen du ungeduldig, genervt und erschöpft bist. Während ich dieses Buch schreibe, geht es mir manchmal so, denn unser derzeitiger alter Hund, ein lustiger und lebensfroher Whippet, steht gern mitten in der Nacht auf. Wir werden wach, weil er über den Holzfußboden Richtung Treppe trippelt. Aus Erfahrung wissen wir, dass in solchen Situationen keine Zeit bleibt, Hausschuhe anzuziehen oder eine Jacke überzuwerfen. Einer von uns rennt also mit dem Hund auf dem Arm so schnell wie

Sandra und ihr Hund Takk gehen schon viele Jahre zusammen durch dick und dünn.

möglich die Treppe hinunter, damit man die Terrassentür rechtzeitig erreicht. Lennox zockelt gemächlich nach draußen, um erst eine enorme Pfütze im erstbesten Beet zu hinterlassen und danach eine ausführliche Runde durch den Garten zu drehen. Weil wir wissen, dass er sich Zeit lässt, machen wir entweder ein paar aktivierende Körperübungen in der Winterkälte oder kochen einen wärmenden Tee. Mehrere dieser Nächte hintereinander bescheren uns müde Tage, und wir sind froh, wenn es zwischendurch genug Zeit gibt, ein bisschen Schlaf nachzuholen.

Seit seine Hundefreunde gestorben sind und er nicht mehr gut sieht und hört, kann unser altes vierbeiniges Familienmitglied nicht mehr allein bleiben. Sogar zehn Minuten in der Küche oder an einem anderen ihm bekannten Ort bereiten ihm sichtlich Stress. Wir denken deshalb 24/7 immer erst an unseren geliebten alten Hund und organisieren unser Leben um ihn herum. Wenn wir abends am Kamin sitzen und auf unseren inzwischen 17 Jahre alten kleinen Freund schauen, der in seinem Körbchen liegt und genüsslich auf seinem Feierabendsnack kaut, ist jedoch alle Anstrengung vergessen und wir hoffen, dass er noch eine Weile bei uns bleiben kann.

Wichtige Erkenntnisse

Von meinen alten Hunden habe ich viel gelernt, und zu den wichtigsten Erkenntnissen gehört das Bewusstsein über die eigene Vergänglichkeit und die wertvolle Notwendigkeit, den jetzigen Moment durch und durch zu genießen. Deshalb schiebe ich auch innige Augenblicke mit meinem alten Hund nicht mehr auf. Ich nehme mir die Zeit, liebevoll für ihn zu sorgen, ihm beim Schlafen zuzuschauen und für ihn da zu sein, wenn er mich braucht, egal ob es gerade passt oder nicht. Ich sehe, wie sehr mein alter Hund im Hier und Jetzt ist und wie er völlig in dem aufzugehen scheint, was er gerade tut. Das kann eine ausgiebige Schnüffelaktion, das Zurechtscharren seiner Decken oder das bedächtige Fressen sein, aber auch ein minutenlanger Blick ins scheinbare Nichts oder das selbstverständliche Mitwandern mit der Sonne, die warme Streifen auf den Teppich wirft. Es tut mir gut, ihn dabei zu beobachten und mein eigenes Tempo zu reduzieren. Manchmal fühlen sich solche mediativen Momente an, als würde die Zeit stillstehen und eigentlich gar nicht mehr so wichtig sein.

Alte Hunde sind gute Lehrmeister, wenn wir bereit sind zu sehen, was sie uns zeigen. Manchmal fällt es schwer, für sich selbst zu deuten, worin das Learning liegt. Nicht immer ist es das Verhalten des Hundes, von dem wir lernen können, auch gesundheitliche Aspekte und damit verbundene Einschränkungen fördern unerwartete Einsichten zutage. Meine Border-Collie-Hündin hatte in ihrem letzten Lebensjahr ein rasant wachsendes Lipom (gutartiges Fettgeschwulst) an ihrem Hinterbein. Es sah aus wie ein dicker Maulwurf, der sich in ihrem Fell festgebissen hatte, und bei jeder Bewegung schwang der Knubbel mit. Trotz des weniger schönen Anblicks hatte der Hund keinerlei Probleme damit. Julie legte sich darauf, konnte das Bein normal bewegen und schenkte diesem unschönen Fremdkörper keinerlei Beachtung. Eine Operation war nicht indiziert, die entstandene Naht und der Heilungsprozess hätten den trotz ihres Alters aktiven Hund eingeschränkt. Erst als auch wir den Knubbel so akzeptiert hatten, wie er war, wurde uns deutlich, dass hier Äußerlichkeiten eine Rolle gespielt hatten, die eigentlich völlig unwichtig sind.

Das Alter des Hundes ist eine wertvolle Schwelle, über die er auch seine Menschen mitnimmt und ihnen den Weg weist.

Wenn uns bewusst wird, dass unser Hund das Tor zum letzten Lebensabschnitt durchschritten hat, erweckt das ein Gefühl für die eigene Vergänglichkeit. Diese Wahrnehmung kann uns helfen, genau wie der Hund viel mehr im Hier und Jetzt zu leben und jeden Moment mit liebevoller Achtsamkeit anzunehmen, wie er ist. Der alte Hund zeigt uns mit seiner Weisheit den Weg, wenn wir bereit sind, mit allen Sinnen in die neue gemeinsame Zeit zu gehen.

Eine glückliche Zeit

Hat man es einmal geschafft, die Veränderungen im Zusammenleben mit dem alten Gefährten anzunehmen und sich darauf einzustellen, entpuppen sich die goldenen Jahre meistens als eine besonders glückliche Zeit. Pubertät und andere wilde Phasen sind schon lange vorbei und es wird in den meisten Fällen gelassener und entspannter. Kein Agilityturnier muss mehr gewonnen werden und die Auslastung eines ehemals sehr aktiven Hundes ist inzwischen auch mit kleineren Aktionen zu bewerkstelligen. Man darf einfach die gemeinsame Zeit genießen und sich dem veränderten Rhythmus des Vierbeiners anpassen.

Ist der Hund schon lange in der Familie, kann man die Vertrautheit genießen, die im jahrelangen Zusammenleben auf beiden Seiten entstanden ist. Der Hund kennt sich im Haus und in seiner Umgebung aus und gemeinsame Rituale bestimmen den Alltag. So ein Glück, die Zeit mit dem vierbeinigen Familienmitglied verbringen zu können und damit selbst zur Ruhe zu kommen. Im Herbst und Winter des Hundelebens wird man von den Erinnerungen zehren und neue Erinnerungen schaffen, indem man den Hund nach wie vor in das Leben der ganzen Familie mit einbezieht. Dabei ist es wichtig, ihm nichts zuzumuten, was ihm offensichtlich keinen Spaß mehr macht, und ihm gleichzeitig all das zu gönnen, was ihm Freude bereitet. Unser Senior Lennox fährt liebend gern im Auto mit. Er wartet dort brav, während wir Einkäufe machen oder bei unseren Nachbarn zu Abend essen. Im Winter mit einer dicken Jacke und zwei Wärmflaschen ausgestattet (eine Standheizung wäre die Krönung) und im Frühjahr mit einem Lüftungsgitter im offenen Fenster. Der heiße Sommer bietet wenig Möglichkeiten, im Auto zu bleiben, aber in dieser Zeit findet das Leben sowieso im Garten statt und der Senior ist mittendrin.

Ich freue mich so, dass es immer mehr Menschen gibt, die sich entscheiden, einen

Hier verstehen sich zwei ohne Worte.

alten Hund bei sich aufzunehmen. Sei es, weil der frühere Besitzer krank geworden oder verstorben ist, oder weil diejenigen, die sich vor vielen Jahren für einen Welpen entschieden haben, nun nicht bereit sind, die letzten Jahre miteinander zu verbringen. Für Letzteres habe ich keinerlei Verständnis, aber ich gönne den Hunden, die dieses Schicksal trifft, von Herzen, dass sie ihren Lebensabend bei verantwortungs- und liebevollen neuen Gastgebern verbringen können und nicht dort bleiben müssen, wo man nichts mehr von ihnen wissen will. Wer einen solchen Hund aufnimmt, hat zwar unter Umständen in der ersten Zeit noch nicht das tiefe Vertrauen, das entsteht, wenn man lange zusammenlebt. Trotzdem werden auch Menschen, die einen alten Hund bei sich aufnehmen, nicht enttäuscht. Sobald sich der Hund im neuen Zuhause zurechtfindet, wird er seinen Platz in der Familie einnehmen und seinen Teil dazu beitragen, dass das Zusammenleben gelingt.

Es ist erstaunlich, wie schnell der neue alte Hund aus dem Leben seiner Begleiter nicht mehr wegzudenken ist.

Spiegel oder Gegensatz?

Falls du schon mehrere Hunde in deinem Leben hattest, weißt du, wie unterschiedlich vierbeinige Gefährten sein können und wie sehr sie uns immer wieder mit ihrem Verhalten und ihrem Charakter erstaunen. Ist es dir schon mal passiert, dass du dein eigenes Verhalten in dem deines Hundes wiedererkannt hast, oder ärgerst du dich manchmal über deinen Hund, weil er sein Leben lang das Gegenteil von dem getan hat, was du wolltest? Hast du einen vierbeinigen Rebellen im Haus, der dir immer wieder zeigt, was eine Harke ist, oder ist dein Hund eine sanfte Seele mit ganz viel „Will to please"? Zwischen den Extremen gibt es natürlich noch viele andere Varianten, und wenn dein Hund schon lange bei dir ist, wirst du ihn mit allen seinen Vorlieben und Eigenheiten bestimmt gut beschreiben können. Worauf ich hinauswill, ist die Frage, was die Hundepersönlichkeit, mit der du zusammenlebst, für dich und dein Leben bedeutet. Spiegelt dich dein Hund, indem er sich auf dich und deine Stimmung einstellt, oder fordert er dich permanent heraus, weil er immer das Kontrastprogramm fährt?

In meiner kleinen Hundegruppe, die einige Jahre aus drei Hunden bestand, begegnete mir beides. Terrier-Mischlingshündin Miss Marple zeigte mir, wie wichtig es ist, Grenzen zu setzen und Nein zu sagen. Border-Collie-Hündin Julie war ein wichtiger Spiegel meines eigenen Verhaltens; bewegte und kommunizierte ich hektisch und eilig, wurde auch sie aufgeregt und unruhig; blieb ich entspannt und gelassen, war sie es auch. Lennox, der Whippet, hat ebenfalls eine besondere Lernaufgabe für mich kreiert. Mit seiner eher geringen Frustrationstoleranz appelliert er häufig an mein Helfersyndrom. Ich bin ununterbrochen auf Empfang und reagiere auf das kleinste Zucken. Jetzt im Alter kommt ihm das enorm zugute, denn ich rette ihn immer wieder aus Situationen, aus denen er sich selbst nicht befreien kann (wenn etwa sein Hinterlauf nicht mitspielt und er aus eigener Kraft nicht aufstehen kann). Wir werden diese Butlerfunktion jetzt nicht mehr ändern, bei meinem nächsten Hund werde ich darauf achten, dass er schon in jungen Jahren lernt zu warten und nicht sofort zu jammern beginnt, wenn etwas nicht so läuft, wie von ihm erwartet.

Alte Hunde als Wegweiser

Wer sich auf die Beziehung mit seinem alten Hund einlässt, wird vielleicht entdecken, dass der vierbeinige Freund dabei helfen kann, das eigene Leben aus einer anderen Perspektive zu betrachten und andere Wege zu gehen als geplant. Die Beobachtung des veränderten Verhaltens und die liebevolle Verbindung mit dem Tier kann außerdem dazu führen, dass wir selbst wieder mehr in Kontakt mit der Natur kommen.

Manche Menschen halten die beschriebene Sichtweise für übertrieben und argumentieren, ein Hund sei eben ein Hund, nicht mehr und nicht weniger. Ich persönlich glaube, dass jedes Lebewesen aus einem bestimmten Grund in dein Leben kommt (und umgekehrt), ein Denkkonzept, das mir schon viele interessante Erkenntnisse beschert hat, unter anderem über mich selbst.

Liebe

Ich finde, es ist sowieso schon ein großes Glück, einen Hund anvertraut zu bekommen, dessen Persönlichkeit man durch und durch kennenlernen darf. Den lieb gewonnenen Freund in seinen letzten Jahren begleiten zu können, halte ich für ein wertvolles Geschenk.

An dieser Stelle möchte ich den Begriff Seelenhund verwenden, den Menschen, die über ihre Hunde sprechen, gern dann benutzen, wenn beide eine ganz besondere Verbindung haben. Was macht die Beziehung von Seele zu Seele so einzigartig? Ist es die Verständigung, die kaum mehr Worte braucht? Oder ist es die Selbstverständlichkeit, mit der ein vierbeiniger Gefährte auch in schweren Zeiten für seinen Menschen da ist? Ein Hund, der die Seele berührt und dessen Blick ohne Umwege mitten im Herzen landet?

Jeder, der einen Seelenhund hat oder hatte, weiß, wovon ich spreche, und gleichzeitig ist jede dieser Mensch-Hund-Kombinationen einzigartig und unersetzlich. Allen gleich ist jedoch der tiefe Schmerz des Abschieds, in dem die Trauer der Preis ist, den wir für die Liebe bezahlen. So weh es auch tut, es hilft, das Leben ganz zu leben, mit allem, was es zu bieten hat. Und es gibt uns die Möglichkeit zu erkennen, dass wir so tief lieben können. Ich bin mir sicher: Soulmates sind immer an unserer Seite, auch über den Tod hinaus.

Story

Bettina hat gemeinsam mit ihrer Parson-Russell-Terrier-Hündin Karlchen viel erlebt. Glückliche, aber auch sehr schwere Zeiten, in denen beide immer füreinander da waren. Die kleine starke Hündin hatte viele Jobs, die sie bis zum Rentenalter ausgeführt hat. Selbst die letzte große Herausforderung in ihrem langen Leben nahm ihr nichts von ihrer Freude.

Bettina und Karlchen, hier mit Tochter Ennya, waren in glücklichen und schweren Zeiten immer füreinander da.

Eine wie keine – Karlchen, mein Karlchen

„Ich denke, für jeden Hundehalter gibt es diesen ‚Einmal im Leben' -Hund – den einen, den man klonen würde, wenn man denn könnte. Den einen, der eben ein bisschen ‚mehr' war als die anderen. Den einen, den man am liebsten für immer behalten möchte, bei dem man wünschte, er möge alle Altersrekorde brechen und bei dem man den Abschied am meisten fürchtet.

Ohne all die anderen Hunde in meinem Leben weniger lieb zu haben – bei mir ist dieser ‚One-in-a-Million' -Hund Karlchen. Schon der Name machte sie besonders – eigentlich war sie ursprünglich auf den Namen Kissing Kylie getauft worden und war knapp zwei Jahre lang Kylie, bis dann mein Mann in unserem Leben auftauchte, den Hund sah und beschloss, sie fortan ‚dat Karlchen' zu nennen. Und das blieb sie mehr als 15 weitere Jahre. Mit Jochen begann nicht nur für mich, sondern auch für Karlchen ein völlig neues Leben. Bis er kam, war sie mein Schatten, meine treue Seele. Aber dann kam die Zeit, in der sie einen Auftrag hatte: Sie wurde Tierarzthund von Beruf mit vielen Aufgaben in der Praxis, auf Vorträgen oder auf Erste-Hilfe-Kursen. Im Nebenjob war sie Model auf den zahlreichen Fotoseminaren, die wir veranstalteten, und alle Teilnehmer waren sofort von ihr hingerissen. Sie zierte Buchcover und Werbeplakate großer Pharmakonzerne. Sie war einfach ein wunderschöner Hund – von innen wie von außen. Wie stand es so schön auf den vielen Urkunden, die sie auf Ausstellungen sammelte: ‚... eine typische Vertreterin ihrer Rasse, wie wir sie uns wünschen.' Und das Strahlen in ihren Augen, der Spaß beim Modeln, der Schalk im Nacken, der stand in keinem Standard, den gab es bei ihr gratis dazu.

So ganz nebenbei wurde sie eine traumhafte Mama, die uns zauberhafte Welpen geschenkt hat. Und bei jeder Geburt wartete sie auf Herrchen - niemals fing sie an, bevor sie nicht sein Auto auf den Hof kommen hörte. Und was war sie für eine Mama - Welpen zu haben war für sie das Größte, und sogar als ihre Tochter Nachwuchs hatte, schoss bei ihr die Milch ein und die beiden teilten sich die Kinderstube.

Neben dieser zuckersüßen Seite gab es auch noch ein anderes Karlchen, nämlich die spät berufene Jagdhündin. Nachdem sie an einem Silvesternachmittag beschlossen hatte, den Tag ungeplant im Fuchsbau verbringen zu müssen, ging es an die Ausbildung. Sie wurde nicht nur Suchensiegerin im 1. Preis - also eine 1 mit Sternchen -, sondern bestand auch die Stöberprüfung mit Bravour. Fortan hieß sie bei unseren Jagdkollegen nur noch ‚die Waldrakete'. Und hier war sie alles andere als niedlich, sondern zäh, hart und unnachgiebig. Kein Weg war ihr zu weit, kein Dickicht zu dornig, kein Bau zu tief. Und doch war sie zwischendurch immer wieder da und schaute nach uns - führerbezogen nennt man das im jagdlichen Sprachgebrauch. Bei Herrchen hieß sie schlicht ‚der treue Schlupp'.

Und genau das war sie - mein kleines Herz auf vier Beinen. Immer da, immer an meiner Seite. Egal wo ich war - Karlchen war immer dabei. Durch dick und dünn, wie man so schön sagt. Und dick kam es dann noch richtig für uns beide, denn als 2016 mein Mann ganz plötzlich starb, blieb unsere Welt stehen.

Damit nicht genug - nur wenige Wochen später verlor Karlchen ihr Augenlicht, erst auf dem einen und nur wenige Wochen später auch auf dem anderen Auge. Ich war am Boden zerstört - wie sollte ich das nun auch noch schaffen, plötzlich allein, mit zwei Hunden, davon einer blind? Und dann zeigte mir Karlchen: Es geht immer irgendwie. Sie meisterte ihre Blindheit, so wie sie ihr ganzes Leben gemeistert hatte - eigensinnig, selbstbestimmt und unglaublich stark. Mein kleines Paket zeigte mir einmal mehr, was in ihr steckte. Wie zäh und willensstark können 33 Zentimeter sein?! Sie lief auch weiter alle Spaziergänge mit uns, fand ihre Wege im Haus wie im Garten und verlor nie auch nur einen Funken ihrer Fröhlichkeit. Karlchen lebte zeit ihres Lebens Herrchens Lebensmotto: ‚Kiek in de Sünn!'

Sie war meine Schönste, meine Liebste, meine Beste - sie hat mich so viel gelehrt, mir so viel gezeigt, mich zum Lachen, zum Weinen und zur Verzweiflung gebracht, und vor allem hat sie mich Demut gelehrt.

Als sie achtzehneinhalb alt war, kam dann der Tag, an dem sie uns das erste Mal nicht mehr auf den Spaziergang begleiten und nicht mehr fressen wollte. Jeder Mensch, der so intensiv mit seinem Hund verbunden ist, weiß, wann der Moment gekommen ist. Pelle, auch ein Parson-Russell, für den sie wie eine Mama war, leckte ihr die Augen zum Abschied, und dann musste ich sie vorgehen lassen. Wieder blieb die Welt stehen, aber ich bin dankbar, dass ich diese große kleine Hündin so lange an meiner Seite haben durfte."

Mein Tipp:

Gib nicht auf, wenn dein Hund durch eine Krankheit oder einen Unfall eine Behinderung bekommt. Es gibt so viele Möglichkeiten, ihm zu helfen, sodass er mit guter Lebensqualität noch viele gute Jahre mit dir verbringen kann. Im Kapitel ***In guten wie in schlechten Zeiten*** *berichte ich, wie Karlchen und ich das geschafft haben.*

IN WÜRDE ALT WERDEN: Was wir unseren alten Hunden schenken können

Bei einem jungen Hund sind wir immer bestrebt, ihn so zu erziehen, dass er für das gemeinsame Leben kompatibel ist. Da gibt es sogar Prüfungen für vierbeinige Familienbegleiter, bei denen der Hund unter Beweis stellen muss, dass er für seinen Job geeignet ist. Viele Jahre ist es so, dass der Hund als Teil der Familie an seinen Platz hat und manchmal sogar zurückstecken muss, wenn Arbeit, Krankheit oder große Lebensereignisse seine Menschen zu sehr fordern. Spätestens wenn der Hund alt wird, haben wir die Gelegenheit, ihm all das zurückzugeben, was er in seinen jungen Jahren für uns getan hat. Es gibt so viel, was wir ihm schenken können, damit er in seinen letzten Jahren zufrieden und glücklich leben kann.

Das Geschenk des Verzichts

Vielleicht fragst du dich jetzt, wann der Zeitpunkt da ist, an dem sich das Blatt wendet. Der Moment ist gekommen, wenn wir merken, dass unser treuer Begleiter nicht mehr so mithalten kann, wie wir das gewohnt sind. Langsam, aber sicher fangen wir an, uns mehr auf ihn einzustellen und Rücksicht auf seine veränderten Bedürfnisse zu nehmen. Manchmal bedeutet es, dass wir auf etwas verzichten müssen, was bisher selbstverständlich war. Das kann der geplante Urlaub in der Ferne sein, der gegen einen Aufenthalt in einem nahe gelegenen Ferienhaus getauscht werden muss, weil der geliebte alte Vierbeiner keine lange Reise und keine trubeligen Umgebungen mehr vertragen kann.

Unseren Windhund, der nach 15 Jahren als Einzelhund übrig blieb, haben wir anfangs überall mit hingenommen, und als auch das nicht mehr ging, weil er sich in unbekanntem Umfeld nicht mehr wohlfühlte, sind wir dazu übergegangen, getrennte Unternehmungen zu organisieren und uns mit der Betreuung abzuwechseln. Einige Male haben wir es noch mit einer Hundesitterin versucht, die er eigentlich gut kannte. Nachdem sie uns verzweifelt anrief, weil der Hund nicht aufhörte, uns im ganzen Haus zu suchen, entschieden wir, auch diese Option fallen zu lassen. Bei einem Einzelhund, der von Anfang an gelernt hat, allein oder bei Hundesittern zu bleiben, ist es wahrscheinlich weniger kompliziert. Es sei denn, er entwickelt im Alter eine starke Anhänglichkeit, was nicht selten vorkommt. Dann gilt es auch, umzudenken und für die letzten Monate oder Jahre eine hundegerechte Lösung zu finden.

Es ist ein Geschenk an den alten Hund, ihn und seine Bedürfnisse in den Mittelpunkt zu stellen.

Foto © Janine Hagendorf

Der Ausflug an die Nordsee statt einer Fernreise erspart dem Senior lange Fahrten und macht trotzdem allen Spaß.

Manche Hunde werden als Sportpartner ins Haus geholt und begleiten ihre Menschen jahrelang auf morgendlichen Joggingrunden durch den Wald, bei Hundesportveranstaltungen oder als Reitbegleiter. Ist der Hund nicht mehr in der Lage, an der Seite des Menschen kraftvoll mitzuflitzen, muss man umdenken. Es ist dabei nicht zwingend erforderlich, auf das lieb gewonnene Hobby zu verzichten, aber die Lösung sollte den Hundesenior immer mit einbeziehen. Es wäre nicht fair, sich einen neuen Hund zu kaufen und den alten Gefährten einfach zu Hause zu lassen. In den meisten Fällen findet sich ein guter Kompromiss, mit dem alle Beteiligten zufrieden sein können. So mancher Reitbegleithund ist dadurch Kutschenhund geworden und kann so trotzdem mit, vorausgesetzt, das Pferd der Familie eignet sich für diese Veränderung. Joggen könnte man auch mit einem Hundewagen, der eigentlich ein Fahrradanhänger ist und auch über einen speziellen Handgriff fürs Joggen verfügt. Und bei Hundesportveranstaltungen werden immer Freiwillige gesucht, die hinter den Kulissen mithelfen und zu dieser Arbeit auch ihren alten Hund mitnehmen können.

Das Geschenk der Zeit

Ich glaube, dass man mithilfe von Freunden, Familie, Nachbarn und professionellen Hundesittern immer eine Lösung finden kann, die dem alten Tier gerecht wird. Natürlich ist das aufwendig, anstrengend und möglicherweise auch kostenintensiv. Immer wieder gibt es leider auch Menschen, von denen man hört, sie könnten nicht so viel Zeit für ihren alten Hund aufbringen, weil sie arbeiten und andere Verpflichtungen haben. Ich bin der Meinung, dass man diese Zeit und diesen Aufwand genauso wie die intensive Welpenzeit mit einkalkulieren muss, wenn man sich dazu entscheidet, einen Hund ins Haus zu nehmen.

Vieles, worüber wir bisher nicht einmal nachgedacht haben, dauert länger und fordert unsere Geduld manchmal bis an ihre Grenzen heraus. Ein Spaziergang kann zur Herausforderung werden, wenn man wegen eines Termins auf die Uhr schauen muss, denn wahrscheinlich schläft der Senior ausgerechnet an diesem Tag tief und fest. Nichts geht mehr schnell, bis der alte Herr oder die Dame geweckt und bereit zum Spaziergang ist, kann einige Zeit vergehen. Die flotte Runde um den Block war gestern, heute steht das Tempo und der Rhythmus des alten Vierbeiners im Mittelpunkt. Es ist nicht mehr möglich, den Spaziergang auf die Zeit nach dem Termin zu verschieben, denn die Blase des alten Hundes ist weniger belastbar, und eine verspätete Gassirunde führt nicht selten dazu, dass man einen kleinen See oder ein Häufchen im Haus beseitigen muss.

Wer einen alten Hund hat, der viel Zeit und Aufmerksamkeit braucht, muss öfter Nein sagen, wenn es um Verabredungen und Unternehmungen geht. Das stößt bei Menschen, die keine Hunde haben, nicht immer auf Verständnis. Lass dich dadurch nicht aus der Ruhe bringen. Du bist für deinen alten Hund da, und das ist gut so.

Foto © Nadine Peeters

Jack Russell Jimmy träumt in seinem Wagen, den man hinters Fahrrad hängen oder beim Spazierengehen oder Joggen schieben kann.

Kaninchenteckel Liese ist so klein, dass sie in das Hundetragetuch passt

Auf dem Fahrrad reist sie im speziellen Körbchen mit.

Das Geschenk der Rücksicht

Einen alten Hund um sich zu haben, bedeutet, in verschiedenen Situationen Rücksicht zu nehmen. Jüngere Hunde, die sich gern in der Nähe ihres Menschen aufhalten, hüpfen meistens zur Seite, wenn wir sie mal übersehen haben, ein Senior kann dagegen nicht mehr so schnell reagieren, weil er seinen Menschen weniger gut sieht und hört. Deshalb kann es passieren, dass wir einen Schritt nach hinten machen und über unseren alten Hund purzeln, der einfach dort steht, wo er steht. Auch bei einem Schritt nach vorn kann es sein, dass der Hund ebenfalls gerade seine Pfoten in Bewegung gesetzt hat, um seinen Futternapf oder ein anderes wichtiges Ziel anzusteuern. Das kann zur Kollision führen, die sicherlich nicht beabsichtigt, aber dennoch unvermeidbar ist, es sei denn, wir haben unsere Augen überall. Vor allem, wenn man gemeinsam mit seinem Hund die Treppe hinunterläuft und der Vierbeiner unerwartet an Fahrt gewinnt, ist Vorsicht geboten, damit nicht beide einen Stuntflug im Treppenhaus veranstalten. Ich habe gute Erfahrungen damit gemacht, dass ich meinem Hund den Vortritt lasse und mich so auf eine Vollbremsung seinerseits genauso einstellen kann wie darauf, dass er plötzlich auf die andere Seite der Treppe wechselt.

Rücksicht gilt es auch dann zu nehmen, wenn der Hund unterwegs zeigt, dass er nicht mehr kann. Möglicherweise bedeutet das, eine Veranstaltung eher verlassen oder einen Besuch bei Freunden dem Tier zuliebe früher beenden zu müssen als geplant. Geschieht es auf einem Spaziergang, kann man eine längere Pause einlegen oder sich

Im Auto hat der Hund eine kleine Reisebox.

Ausrutschen auf glatten Böden

Je mehr die Kräfte nachlassen, desto häufiger kommt es vor, dass alte Hunde auf glatten Stein- oder Holzböden ausgleiten. Es gelingt ihnen dann nicht mehr, aus eigener Kraft aufzustehen, stattdessen liegen sie wie eine Schildkröte auf dem Trockenen und rudern mit den Beinen. Es ist eine Selbstverständlichkeit, sie so schnell wie möglich aus ihrer misslichen Lage zu befreien. Was auch hilft, sind Flickenteppiche und Matten auf den Pfaden, die der Hund im Haus immer wieder einschlägt, und vor seinem Futterplatz. Das sieht zwar nicht besonders stylisch aus, ist dem Hund und seinem eingeschränkten Bewegungsvermögen gegenüber aber sehr rücksichtsvoll.

mit dem Auto abholen lassen. Kleine Hunde können in einen speziellen Rucksack, in ein Tragetuch oder eine Tasche, vorausgesetzt, sie kennen das und fühlen sich darin wohl. Größeren Hunden kann man damit helfen, dass man sie in einen Fahrradanhänger, Bollerwagen oder Kinderwagen setzt, wenn man diese Art des Transports mit ihnen schon in jüngeren Jahren geübt hat.

Das Geschenk der Gelassenheit

Gelassenheit im Umgang mit Kindern, Menschen und alten Tieren hilft, schwierige Situationen entspannt und mit Humor zu meistern. Und da ein Hund schließlich „auch nur ein Mensch ist", können wir ihm mit Gelassenheit begegnen, selbst wenn er eigentlich gerade dabei ist, uns in den Wahnsinn zu treiben. Nein, keine Sorge, es liegt mir fern, Hunde zu vermenschlichen und die Beziehung zu romantisieren. Trotzdem gibt es hin und wieder Parallelen zu menschlichem Verhalten, die sich nicht leugnen lassen. So ist mir bei meinen eigenen alten Hunden und jenen, denen ich begegnet bin, immer wieder aufgefallen, dass sich bestimmte Eigenschaften verstärken und andere ganz verschwinden.

Wenn mein 17 Jahre alter Whippet, dessen Frustrationstoleranz sowieso nie besonders hoch war, mal wieder ungeduldig herumhampelt, weil seine Pfötchen nach dem Spaziergang abgetrocknet werden müssen, denke ich unweigerlich an die Zeit mit meiner heiß geliebten und sehr alten Großtante, der das Haare kämmen, Eincremen oder Nägel

Alte Hunde können uns zu mehr Gelassenheit bringen, wenn wir bereit sind, uns an ihrem neuen Rhythmus zu orientieren.

Foto © Janine Hegendorf

lackieren oft nicht schnell genug gehen konnte, obwohl es eigentlich keinen Grund zur Eile gab. Auf der anderen Seite ist aber bei Menschen und Hunden im Alter bisweilen eine gewisse Sanftmut zu beobachten, die aufbrausende und manchmal zornige Reaktionen abgelöst hat. Unser Windhund ist deutlich entspannter geworden, wenn ihm andere Hunde begegnen, und auch meine Großmutter zeigte in kniffligen Situationen, in denen sie früher garantiert explodiert wäre, ein mildes Lächeln.

Falls du selbst einen alten Hund hast, ist es dir wahrscheinlich auch nicht fremd, dass dein Hund sich unzählige Male an der Terrassentür meldet, damit du ihn hinauslässt, um nach etwa dreißig Sekunden wieder aufzutauchen und sofortigen Einlass zu erwarten. Nicht etwa, weil er Durchfall hat oder noch nicht mit dir unterwegs war, sondern weil er so sehr im Moment lebt, dass die letzte Runde durch den Garten für ihn schon wieder lange Zeit her zu sein scheint.

Bestimmte Routinen verstärken sich bei alten Hunden im Alter auch noch einmal, je nachdem, wie genau man es bisher mit Fütterungszeiten, Spaziergängen und dem Gutenacht-Leckerchen genommen hat. Ich bin der Meinung, dass es nicht so wichtig ist, Hunde immer zur gleichen Zeit zu füttern oder mit ihnen spazieren zu gehen. Ich denke da lieber in Zeiträumen, sodass ich mich nach dem Hund richten kann, aber der Hund auch nach mir. Warum nicht mal ausschlafen und später frühstücken, zusammen einen Nachtspaziergang machen oder bei einem gemeinsamen Ausflug das mitgenommene Futter anbieten, wenn alle zur Ruhe gekommen sind? Zwei meiner drei Hunde haben das immer ganz flexibel mitgemacht, der Dritte im Bunde war nie besonders „amused", wenn seine Termine verschoben wurden. Seit einiger Zeit ist er Einzelhund, nachdem die anderen beiden gestorben sind, und je älter er wird, desto vehementer pocht er auf die Einhaltung seiner Gewohnheiten. Bin ich nicht rechtzeitig unten, veranstaltet er ein Heulkonzert, als hätte er seit vierzehn Tagen kein Futter mehr bekommen.

Das Geschenk der Zuwendung und Nähe

So, wie der Hund dich und die anderen Familienmitglieder minutiös beobachtet hat, um herauszufinden, was ihr tut und welche Rolle er in diesem Gefüge spielen kann, so darfst du jetzt deinen Hund „lesen" und entdecken, was er gerade braucht, um glücklich zu sein. Sicherlich ist es im Alltag nicht immer möglich, auf den Hund zu achten, trotzdem ist es wichtig, dafür zu sorgen, dass der Hundesenior sein Leben auch in unbeaufsichtigten Momenten genießen kann. Dabei geht es nicht nur um praktische Unterstützung, sondern immer wieder auch um körperliche Nähe, wenn der Hund sie sucht. Manche Hunde haben nämlich im Alter ein stärkeres Bedürfnis, ganz nah an ihrem Menschen zu sein. Was für ein Glück ist es, diese Nähe auch zuzulassen und zu genießen, schließlich weiß man nicht, wie lange das noch möglich ist. Die Initiative sollte immer vom Hund ausgehen. Mag er das dichte Zusammensein nicht, respektiere den Abstand, den er braucht.

Nicht selten kommt es vor, dass der alte Hund deine Zuwendung einfordert. Das kann so aussehen, dass er sich mitten in einer Situation bei dir meldet, in der er nicht weiterweiß oder nicht weiterkann. Meine Border-Collie-Hündin versuchte zum Beispiel, im gewohnten Tempo die Treppe hoch zu sprinten, und merkte erst auf der Hälfte, dass sie es nicht mehr bis oben schaffte. Dann machte sie ein Geräusch, das unschwer

Takk hat es drauf, seinem Blick kann man nur schwer widerstehen.

Die Futterbar erleichtert dem alten Hund die entspannte Nahrungsaufnahme.

als herzzerreißender Hilferuf gedeutet werden konnte. Wir eilten aus allen Ecken des Hauses sofort zu ihr und trugen sie die letzten Stufen hoch. Danach schüttelte sie sich kurz und alles war wieder gut.

Einer unserer ersten Hunde war vor allem in der Nacht desorientiert. Er stand dann unvermittelt auf, starrte eine Weile vor sich hin, jammerte anschließend so lange, bis man ihm Geleit gab – zum Wassernapf, zur Terrassentür oder in ein anderes Körbchen. Sein Kumpel dagegen zeigte mit einem hohen Fiepen, das früher oder später jeden Traum durchbrach, dass er wieder zugedeckt werden wollte. Wir hatten es versäumt, ihm schon als kleinem Hund beizubringen, selbst in seinen Hundeschlafsack zu kriechen.

Takk, der Hund, von dem Sandra im Kapitel ‚Gesund und fit' erzählt, hatte sich angewöhnt, seinen lustigen Kopf auf den Bettrand seiner Menschen zu legen und sie so lange anzustarren, bis einer von ihnen die Augen öffnete und sich um ihn kümmerte. Er wollte dann nach draußen, einen kleinen Nachtsnack einheimsen oder einfach nur ein paar Streicheleinheiten.

Dort, wo man bei einem jungen Hund abwarten würde, um zu schauen, ob er selbst eine Lösung findet, geht es beim alten Hund immer darum, ihm zu helfen. Er muss in seinem Alter nicht mehr zwangsläufig etwas lernen, stattdessen dürfen wir ihn in liebevoller Zuwendung durch seine alten Tage begleiten.

Das Geschenk des selbstverständlichen Luxus

Küchenfußboden, Terrasse oder Wiese vor dem Haus – viele Hunde sind lange mit dem zufrieden, was sich ihnen gerade bietet. Wenn sich im Alter eine gewisse Steifheit breitmacht, der Körper empfindlicher für Kälte und Zugluft wird und hin und wieder auch die Knochen schmerzen, braucht der Senior eine angemessene Liegefläche. Viskoelastische Matratzen, die sich mithilfe der Körperwärme des Tieres anschmiegen, sind meines Erachtens kein überflüssiger Luxus, sondern ein Geschenk, das wir unserem alten Hund machen sollten. So kann er sich im wohlverdienten Schlaf immer wieder gut erholen und entspannen. Auch die erhöhte Futterbar sollte spätestens jetzt angeschafft werden, und eine warme Jacke oder Regendecke im Herbst und Winter kann für Hunde mit kurzem Fell und dünner Haut den langsamen Spaziergang angenehmer machen.

Gestalte das Leben deines alten Hundes so angenehm wie möglich für alle Beteiligten. Es ist nie zu spät, einen Hundeanhänger oder Buggy anzuschaffen, das alte Körbchen auszutauschen oder auf das hochwertigere Futter zu wechseln, weil der Senior es besser verträgt. Du wirst es bestimmt nicht bereuen, wenn du deinem alten Gefährten einen für ihn luxuriösen Lebensabend bescherst. Du brauchst ihm ja nicht zu verraten, dass du bis auf das Futter gute gebrauchte Sachen kaufst, die du wäschst und für deinen Hund neu herrichtest. Hauptsache, er fühlt sich pudelwohl.

Das Geschenk des schönen Lebensabends

Einen alten Hund in den Keller zu verbannen, stundenlang im kalten Flur oder draußen liegen zu lassen oder für längere Zeit in die Hundebox einzusperren ist keine Lösung, sondern im schlimmsten Fall tierschutzwidrig. Manchmal sind sich die Menschen gar nicht bewusst, was sie ihrem Hund antun. Häufig zeigt sich aber, dass der alte Hund lästig geworden ist und deshalb aus dem Blickfeld geschafft wird, damit man nicht dauernd daran erinnert wird, dass man sich um ihn kümmern muss.

Meine große Hoffnung ist es, dass die Leser dieses Buches ihre alten Hunde heiß und innig lieben und sie niemals ihrem Schicksal überlassen würden. Deshalb hoffe ich, dass wir uns als große Fans alter Hunde zusammentun können und genau dort hinschauen, wo es vierbeinigen Senioren nicht gut geht. Es ist leider nicht möglich, sie alle ins eigene Wohnzimmer zu holen, wir können aber dafür sorgen, dass sie nicht übersehen werden und einen liebevollen Platz bei Menschen bekommen, die sie in ihrer letzten Lebensphase begleiten. Im Anhang dieses Buches habe ich deshalb einige Adressen aufgelistet, die für die Vermittlung alter Hunde in Not hilfreich sind.

Die genannten Initiativen und Netzwerke kümmern sich um Hundesenioren und manche von ihnen bringen auch zwei- und vierbeinige alte Herrschaften zusammen, damit sie wertvolle Zeit miteinander verbringen können. Es ist rührend zu sehen, welche innigen Freundschaften dabei entstehen und was alle Beteiligten füreinander bedeuten können.

Ablenkung hilft

Zeigt dein Hund stereotypes Verhalten, indem er zum Beispiel immer wieder vor der Tür steht, um hinausgelassen zu werden, obwohl er gerade schon mehrmals draußen war und sich gelöst hat? Dann lenke ihn kurz ab, indem du dich mit ihm beschäftigst. Fordere ihn zum Spielen auf, nimm ihn mit in einen anderen Raum oder zeige ihm sein gemütliches Körbchen.

Eigentlich war es gar nicht geplant, dass ein Hund die Familie von Kerstin und Nadine bereichern würde. Es dauerte aber nicht lange und der kleine kluge Hund eroberte die Herzen seiner Lebensbegleiterinnen im Sturm!

Foto © Nadine Peeters

Here I am!
Jimmy, der heiß geliebte Macho

Von Anfang an stand der meistens ziemlich coole Jimmy im Mittelpunkt der Aufmerksamkeit. Er entwickelte sich zum muskulösen Sportler, und auch heute noch posiert er mit seinen 16 Jahren wie bei einem Bodybuilding-Wettbewerb. Auch wenn seine Muskelmasse abgenommen hat und er bei langen Spaziergängen in einem extra für ihn angeschafften ehemaligen Kinderwagen Platz nehmen darf, hat er nichts an Charisma verloren. Immer noch weiß der charmante Jack Russell Terrier, wie man es schafft, beachtet zu werden, und so ergreift er jede Gelegenheit, seine kleine Bühne zu erobern.

„Jimmy sorgt auch im Alter regelmäßig dafür, dass wir immer wieder unsere Komfortzone verlassen müssen", berichtet Kerstin. Bei unseren gemeinsamen Ferien am Meer, zum Beispiel, meint er, ihm gehöre alles. Der Strand, das Wasser und auch alle Bällchen, die ihm vor die Pfötchen rollen. Dieser ‚Größenwahnsinn' kann manchmal ziemlich peinlich werden, denn wir müssen uns bei anderen permanent entschuldigen, wenn unser Hund mal wieder alles vereinnahmt. Immer wieder bringt er uns aber auch zum Lachen, wenn er mit seinen wehenden Schlappohren die Lage checkt oder genüsslich schnarchend in seinem Gefährt Energie für den nächsten Einsatz sammelt. Er ist seit so vielen Jahren unser treuer Begleiter, hat Höhen und Tiefen miterlebt und war auch immer für uns da, wenn wir eine kleine weiche Schulter zum Anlehnen brauchten.

Was sich im Alter besonders verändert hat, ist sein persönliches Zeitmanagement. Er möchte mehrmals am Tag kleinere Mengen fressen und pocht darauf, dass die Fütterungszeiten von uns eingehalten werden. Jimmy hält uns ordentlich auf Trab, denn es kann vorkommen, dass wir ihm auch nach einem ausgedehnten Spaziergang noch gefühlte 25-mal die Terrassentür aufmachen müssen, weil er meint, draußen einen wichtigen Auftrag zu haben. Auch wenn wir inzwischen so etwas wie Bedienstete für diesen kleinen drahtigen Senior geworden sind, möchten wir keinen Moment mit ihm missen und können uns gar nicht vorstellen, wie es ohne ihn sein wird.

Wir haben für ihn unser ganzes Leben neu organisiert, damit er immer mit uns unterwegs sein kann und nicht allein bleiben muss. Das ist zwar nicht immer einfach, aber für unser besonderes Familienmitglied machen wir auch das Unmögliche möglich."

Unser Tipp:

Wir meinen, dass es immer eine Lösung gibt, um den Bedürfnissen des alten Hundes zu entsprechen. Es erfordert allerdings die Akzeptanz der zweibeinigen Begleiter, dass sich auch ihr Leben mit dem Älterwerden ihres Hundes verändert. Manchmal muss man deshalb auf etwas verzichten, was mit dem Senior nicht mehr möglich ist. Die Qualität der gemeinsam verbrachten Zeit ist in unseren Augen aber die wertvollste Entschädigung.

Foto © Nadine Peeters

Kerstin und Nadine haben für Jimmy ihr ganzes Leben neu organisiert.

GRAUE SCHNAUZEN: Wenn Hunde in die Jahre kommen

Auf Futtertüten für alte Hunde findet man meistens die Empfehlung, die Hundenahrung ab dem siebten Lebensjahr auf Seniorenfutter umzustellen. Das kann zu Missverständnissen führen, denn je nach Rasse, Größe, Genetik, Gewicht, Gesundheit und Lebensumständen kann ein Hund mit sieben in seinen besten Jahren oder tatsächlich schon steinalt sein. Dackel, Parson oder Jack Russell Terrier zum Beispiel werden häufig älter als 16 Jahre alt und sind mit sieben noch weit vom Rentenalter entfernt. Große Rassen wie der Irische Wolfshund oder die der Doggen können dagegen sterben, bevor sie die Altersangabe auf der Futtertüte erreicht haben.

In einer Studie der Evolutionsbiologin Cornelia Kraus hat sich gezeigt, dass größere Hunde schneller altern als kleine. Die Ursache scheint im schnellen Wachstum zu liegen, bei dem die Zellen sogenanntem oxidativem Stress ausgesetzt sind. Dadurch können Stoffwechselvorgänge aus dem Gleichgewicht geraten und Zellen geschädigt werden. Die Tiere sind deshalb anfälliger für Krankheiten und ihre Gesamtkonstitution nimmt schneller ab. Hinzu kommt, dass der Bewegungsapparat großer und schwerer Hunde einer höheren Belastung ausgesetzt ist und dadurch zu einem früheren Zeitpunkt als bei kleineren Hunden Anzeichen von Verschleiß zeigt.

Die Lebensstadien des Hundes

Jeder Hund ist anders, und immer wieder kommt es vor, dass ein Tier sämtliche Statistiken sprengt und viel älter wird als je gedacht. Jeder, der einen Hund hat und ihn heiß und innig liebt, hofft verständlicherweise bei seinem Gefährten auf eine solche Ausnahme.

Trotzdem ist es hilfreich, wenn man weiß, in welchem Lebensstadium sich ein Hund befindet, um optimal auf seine Entwicklung und seine Bedürfnisse eingehen zu können. Hunde erreichen das nächste Stadium nicht von heute auf morgen, die nächste Phase kündigt sich an und wird langsam sichtbar. Je nach Rasse und Größe ist ein Hund mit einem Jahr noch nicht ausgewachsen, sehr große Hunde haben erst mit etwa drei Jahren ihre endgültige Größe erreicht. Mit einem Jahr gilt der Hund zwar als erwachsen, die körperliche und soziale Entwicklung ist jedoch noch nicht abgeschlossen.

Graue Haare sind nicht das einzige Zeichen des Alters. Border Collie Finn ist mit seinen 16 Jahren ein sehr alter Herr, dessen Kräfte nachgelassen haben. Trotzdem ist er mittendrin im Leben seiner Familie.

Foto © Janine Hegendorf

Irische Wolfshunde gehören zu den Rassen, deren Lebenserwartung leider nicht besonders hoch ist.

Foto © Janine Hegendorf

Zeichen des Alters

Die graue Schnauze ist nicht immer ein untrügliches Zeichen für das Alter. Wie beim Menschen gibt es Hunde, die grau um die Nase werden, bei denen aber ansonsten nichts darauf hindeutet, dass sie das Seniorenalter schon erreicht haben. Umgekehrt bekommen weiße Hunde keine grauen Schnauzen, selbst wenn sie sich selbst schon fast überlebt haben. Kommen aber mehrere der im Folgenden beschriebenen Kriterien zusammen, kann man davon ausgehen, dass der Hund das letzte Viertel der für seine Rasse zu erwartenden Lebensspanne erreicht hat. Dabei ist es allerdings so, dass nicht jeder Hund die beschriebenen Anzeichen zeigt. Es gibt immer Ausnahmen und trotzdem wird jeder seinen alten Hund in vielen der Aspekte erkennen können.

Die Lebensphasen des Hundes

Welpe:
Geburt bis zum vierten Lebensmonat

Junghund:
Bis zum zwölften Lebensmonat

Erwachsener Hund:
Ab dem zwölften Lebensmonat

Seniorenalter:
Das letzte Viertel der erwarteten Lebensspanne bis zum Lebensende

Lebensende:
Endstadium der Lebensspanne - abhängig von den spezifisch erkrankten Organen

Fell und Haut verändern sich

Je nach Fellbeschaffenheit des Hundes (lang, kurz, rau, glatt, lockig) ist eine Veränderung des Fells mehr oder weniger sichtbar. Langhaarige Hunde haben im Alter häufig ein spröderes und weniger glänzendes Fell, Hunde mit kurzen Locken und dünner Haut bekommen in vielen Fällen ein dünneres Fell, und bei kurzhaarigen Tieren ist zu beobachten, dass das Fell feiner und stumpfer wird.

Die Haut des älteren Hundes ist oft trockener, was vermehrte Schuppigkeit mit sich bringen kann. Auf der Haut können sich Warzen und andere, meist ungefährliche Hautanhängsel bilden. Unter der Haut sind bei alten Hunden häufig gutartige Fettgeschwülste (Lipome) fühlbar. Der Tierarzt untersucht diese und entscheidet, ob eine operative Entfernung ratsam ist. In den Kapiteln ‚Gesund und fit' und ‚In guten wie in schlechten Zeiten' findest du Hinweise, wie du Haut und Fell deines alten Hundes optimal pflegen kannst. Hierbei spielt auch die Ernährung eine große Rolle. Im Kapitel zum Thema Seniorenmenü erfährst du, welche Mittel Haut und Fell deines alten Hundes stärken können.

Die Augen und das Sehvermögen verändern sich

Die Linse wird im Alter trüber und das sieht man dem Auge des Hundes an. Sehr alte Hunde oder Hunde mit Augenkrankheiten haben eine vollständige Linsentrübung und meist nur noch ein geringes Sehvermögen. Wie du mit einem Hund umgehen kannst, der schlecht sieht oder gar blind ist, steht im Kapitel ‚In guten wie in schlechten Zeiten'.

Das Hörvermögen nimmt ab

Dein Hund kommt nicht mehr angelaufen, wenn du mit seiner Futterschale klapperst?

Er marschiert beim Spaziergang stur geradeaus und hört nicht mehr auf seinen Namen oder einen Pfiff, obwohl er das sonst immer getan hat? Dein Hund bemerkt nicht mehr, wenn du den Raum betrittst, und erschrickt, wenn du plötzlich vor ihm stehst? All dies sind Zeichen dafür, dass sein Hörvermögen abgenommen hat oder gar nicht mehr vorhanden ist. Lasse seine Ohren in jedem Fall vom Tierarzt untersuchen und reinigen, denn manchmal kann auch Schmutz oder fest sitzendes Ohrenschmalz dazu führen, dass dein Vierbeiner nicht mehr richtig hört.

Der Bewegungsapparat des Hundes verändert sich

Die Muskulatur nimmt sichtbar ab und damit auch die Kraft des Hundes. Es fällt ihm schwer, kleine Hindernisse zu überwinden, die Treppe hochzugehen oder länger zu stehen. Er legt sich häufiger hin, wirkt insgesamt steifer und hat Mühe beim Aufstehen. Er läuft staksiger und fällt sogar manchmal hin.

Auf Spaziergängen wird er leichter müde und langsamer, es kann sogar sein, dass er eine oder mehrere Pfoten über den Boden schleift, wenn er läuft. Oft wird die Hinterhand schwach und der Hund sinkt langsam in sich zusammen, bis er auf dem Boden sitzt oder liegt. Bei manchen alten Hunden kann man beobachten, dass die Gelenke nachgeben und die Vorderläufe dadurch weich und durchgesackt wirken. Ein ausreichendes Anheben der Beine wird erschwert, was zur Folge hat, dass der Hund bedeutend langsamer und auch unsicher läuft.

In allen Fällen braucht der Hund eine gründliche Untersuchung, Unterstützung und Behandlung. Vor allem bei entzündlichen und damit schmerzhaften Prozessen kommt man oft um eine medikamentöse Behandlung nicht herum, denn der Hund soll unter keinen Umständen leiden. Im Kapitel ‚In guten wie in schlechten Zeiten' bekommst du wichtige Informationen, um Probleme erkennen und, wo nötig, eingreifen zu können.

Der Hund wird insgesamt empfindlicher

Bei vielen alten Hunden ist zu beobachten, dass sie anders auf Temperatur reagieren. Ein Hund, dem Hitze oder Kälte früher nichts anhaben konnten, friert plötzlich oder zieht sich im Sommer ins Haus zurück. Die Gründe für dieses Verhalten sind unterschiedlich, sie können beispielsweise mit dem Hormonhaushalt, dem Energiestoffwechsel und der Gesundheit des Herzens zusammenhängen.

Es ist immer ratsam, die veränderte Situation mit dem Tierarzt zu besprechen, um bei Krankheiten, die eine Überempfindlichkeit des Temperaturhaushalts mit sich bringen, therapeutisch eingreifen zu können. Das gilt auch, wenn der Hund anfälliger für Krankheiten wird, auf gewohntes Futter empfindlich reagiert und wenn er ab und an Urin verliert. Immer muss abgeklärt werden, ob es sich um typische Alterserscheinungen oder eine Krankheit handelt. In beiden Fällen kann man dem Hund mit einer entsprechenden Untersuchung und Behandlung helfen.

Das Verhalten verändert sich

Verhaltensänderungen im Seniorenalter des Hundes können vielfältig sein und brauchen besondere Aufmerksamkeit. Im folgenden Kapitel habe ich deshalb die häufigsten Verhaltensänderungen beschrieben und Tipps zusammengestellt, die helfen, damit umzugehen.

Verhalten im Alter: Alles anders als früher?

Verhaltensänderungen, die typisch für alte Hunde sind, kommen meistens nicht über Nacht. Sie schleichen sich fast unmerklich ein, und eines Tages wird dir bewusst, dass dein Hund sich anders benimmt, als du es seit Jahren von ihm kennst. Sollte sich dein Hund aber ganz plötzlich anders verhalten, ist es wichtig, ihn bald von einem Tierarzt untersuchen zu lassen. Es kann bedeuten, dass das ungewohnte Verhalten krankheitsbedingt ist und nichts mit dem Alter zu tun hat.

Mit welchen Verhaltensänderungen muss ich bei meinem alten Hund rechnen?

In diesem Kapitel spreche ich über Verhaltensänderungen, die bei alten Hunden häufig zu beobachten sind. Bestimmt erkennst du in der ein oder anderen Beschreibung auch deinen Hund. Es kann aber auch sein, dass du Beobachtungen machst, die in diesem Kapitel nicht vorkommen.

Bei allen Verhaltensänderungen ist es wichtig, dass du versuchst, deinen Hund zu verstehen, und ihn keinesfalls strafst, wenn er etwas tut, was du nicht einordnen kannst. Sein Verhalten hat immer eine Ursache, und die gilt es, herauszufinden. Nur so kannst du dem Hund in deiner Reaktion auf das was er tut gerecht werden. Dabei ist Strafe niemals eine Option, weder beim jungen noch beim alten Hund. Es lässt sich zwar nicht immer vermeiden, auch dem alten Vierbeiner manchmal deutliche Grenzen zu setzen (vor allem dann, wenn er sein eigenes Leben in Gefahr bringt), die Intervention sollte aber immer respektvoll eingesetzt werden.

Foto © Janine Hegendorf

Bei einer Schwäche der Hinterläufe ist häufig ein Zittern zu beobachten; wenn der Hund liegt, kommt er schwer hoch.

Sei geduldig

Er sieht und hört schlechter, bewegt sich langsamer und versteht nicht mehr auf Anhieb, was du von ihm willst. Schnelle, hektische Bewegungen und Aufforderungen können ihn erschrecken und zu Reaktionen bewegen, die er bisher noch nicht gezeigt hat. Der alte Herr oder die alte Dame braucht nun unsere ganze Geduld, um im manchmal turbulenten Menschenalltag seinen neuen Platz zu finden.

Der Hund bewegt sich weniger und schläft mehr

Der alte Herr oder die alte Dame schläft nicht nur mehr, sondern auch anders. Oft schlafen sie tiefer und länger, ohne auf altbekannte Geräusche zu reagieren. Entweder, weil sie schlechter hören, oder weil sie im Schlaf weiter weg sind und die Dinge, um die sie sich früher gekümmert haben, weniger wichtig geworden sind. Besuch, der früher ausgiebig an der Tür begrüßt wurde, wird jetzt vom Hund an seinem Platz empfangen. Er hält Audienz und verbraucht dabei wesentlich weniger Energie als früher. Es muss gar nicht so sein, dass der Hund sich weniger bewegt, weil die Muskulatur nachlässt oder weil etwas schmerzt. Oft ist es eine größere Gelassenheit, die einkehrt und die bewirkt, dass der ehemals aktive Hund sich nicht mehr um alles kümmert, was um ihn herum passiert. Er ist noch interessiert dabei, aber nicht mehr unbedingt „erster Mann am Feuer".

Der Hund ist langsamer in allem, was er tut, und hat weniger Ausdauer

Ein älter werdender Körper und eine abnehmende Reaktionsfähigkeit führen dazu, dass Bewegungen und damit verbundene Handlungen langsamer vonstattengehen. Bei eingeschränktem Seh- und Hörvermögen wird der alte Hund vorsichtiger und damit langsamer oder zögerlicher. Unsere Aufgabe ist es, darin mitzugehen und den Senior nicht zu hetzen. Er kann einfach nicht mehr schneller, selbst wenn er es wollte. Wir können ihm helfen, indem wir für alles, was wir mit dem Hund zusammen tun, mehr Zeit einplanen. Sind mehrere Hunde im Haus, darf der Senior vor jüngeren Artgenossen geschützt werden, wenn sie zu schnell und ruppig mit ihm umgehen. Getrennte Fütterung, zum Beispiel, erlaubt dem Senior, in seinem Tempo zu fressen; ein ruhiger Liegeplatz außerhalb der Rennzone jüngerer Hundekumpel ermöglicht ungestörten Schlaf und Regeneration. Die abnehmende Ausdauer zeigt sich im gemeinsamen Spiel und bei Spaziergängen. Alte Hunde legen sich schneller hin, brechen das Spiel ab oder zeigen auf andere Weise, dass sie nicht mehr weiterwollen. Am Fahrrad trabt der Hund nicht mehr locker nebenher, sondern bleibt zurück oder will gar nicht erst mit. Nimm diese Zeichen ernst und überfordere deinen alten Hund nicht.

Der Hund ist besonders anhänglich oder zieht sich zurück

Beide Varianten sind bei alten Hunden zu beobachten. Ehemals selbstständige Hunde

Chaplin ist zwar gerade wach, schläft im Alter aber insgesamt viel mehr.

Springt dein Hund nicht mehr freudig auf, wenn du ihn zum Spaziergang mitnehmen willst, ist es wichtig, nach der Ursache zu suchen. Vielleicht hat er Schmerzen oder er fühlt sich im häuslichen Umfeld sicherer.

folgen ihren Begleitern auf Schritt und Tritt und sind todunglücklich, wenn sie den Anschluss verpasst haben. Andere wiederum ziehen sich vermehrt zurück und müssen nicht mehr alles mitmachen, was ihnen geboten wird.

Beide Verhaltensweisen gilt es zu respektieren, es erleichtert allerdings den Alltag mit dem Senior sehr, wenn auch der anhänglichste Hund in einem ihm vertrauten Raum eine Weile allein bleiben kann. Auch der vierbeinige Einsiedler sollte hin und wieder aufgefordert werden, aus seinem Versteck zu kommen, um am Familienleben teilzunehmen. So verhindert man, dass das einseitige Verhalten sich verselbstständigt und den Alltag der gesamten Familie beeinflusst.

Der Hund stellt sich auf Veränderungen weniger gut ein

Das Futter kommt nicht zu gewohnten Zeit? Die Wohnung ist umgeräumt oder der Spazierweg anders als sonst? Es kann passieren, dass der alte Hund Schwierigkeiten hat, sich darauf einzustellen. Er zeigt Unruhe oder Ungeduld, begibt sich auf die Suche im Haus oder zeigt Stress beim Spazierengehen in ungewohnter Umgebung. Nicht immer ist es möglich, sich hier nach den Bedürfnissen des alten Hundes zu richten. Ein Umzug, Besuch bei Freunden oder ein Arbeitstermin können zu Veränderungen führen, die dem Senior Flexibilität abverlangt, die er nicht mehr hat. In den meisten Fällen kann man es dem Hund aber so leicht wie möglich machen. So habe ich immer etwas Futter dabei, wenn ich länger unterwegs bin und der Hund ist dabei. Dann kann ich ihm etwas geben, wenn wir zur Futterzeit noch nicht zu Hause sind.

Bei Renovierungsarbeiten im Haus oder gar einem Umzug hilft es, die Hundedecken und Kissen in dieser Zeit nicht zu waschen, damit sie ihren für den Hund erkennbaren Geruch behalten. Auch das T-Shirt der wichtigsten Bezugsperson des Hundes im Körbchen schafft ein vertrautes Gefühl. Sorge dafür, dass du den Hund nicht allein lässt, bis er sich an die neue Situation gewöhnt hat, und sei ihm nicht böse, wenn er dafür ein bisschen Zeit braucht.

Solltest du bei einer neuen Spazierumgebung feststellen, dass sich dein Hund auch nach einigen Tagen noch nicht wohlfühlt, kannst du auf die Suche nach Alternativen gehen und schauen, ob er sich dort besser zurechtfindet. Es kann deinem Hund außerdem helfen, wenn du einen anderen Hund mitnimmst, den er kennt und mag.

Der Hund geht Begegnungen mit anderen Hunden aus dem Weg

Selbst die größten Draufgänger werden im Alter manchmal weise. Dort, wo du früher anderen Hunden bewusst aus dem Weg gehen

Foto © Janine Hegendorf

Begleiter eines alten Hundes zu sein ist eine große Verantwortung.

musstest, um Pöbeleien zu vermeiden, macht dein Hund jetzt von selbst einen großen Bogen. Manche alten Hunde, die immer freundlich zu fremden Artgenossen waren, werden im Alter grantig und sind von einer Begrüßung gar nicht mehr angetan. Unterstütze deinen Hund dabei, Abstand zu halten, und verzichte lieber auf das Gespräch mit anderen Hundebesitzern, wenn du merkst, dass deinem Hund die Nähe des anderen nicht behagt. Bitte den anderen Hundebesitzer, Abstand zu halten und seinem Hund keine Aufdringlichkeit zu gestatten. Gehe lieber ruhig und bestimmt weiter, als es auf eine Auseinandersetzung ankommen zu lassen. Manche Hunde werden im Alter auch anderen Menschen gegenüber kritischer und empfangen nicht mehr jeden gleich „mit offenen Armen". Einer meiner Hunde war früher ein Therapiebegleithund, der Kindern immer offen und freundlich begegnete. Je älter er wurde, desto schneller zog er sich zurück, wenn Kinder im Spiel waren. Er zeigte durch abgewandten Blick und leichtes Grummeln deutlich, dass er einen nahen Kontakt nicht mehr wünschte. Kinder, die ihm leise und vorsichtig begegneten, begrüßte er dagegen nach wie vor schwanzwedelnd. Es ist wichtig, dass dieses Verhalten ernst genommen und respektiert wird. Kinder können lernen, anderen Lebewesen achtsam zu begegnen und ihrer Sprache zuzuhören. Als Erwachsene tragen wir die Verantwortung dafür, dass Kind und Hund nichts geschieht. Deshalb dürfen Kinder und Hunde nicht unbeaufsichtigt sich selbst überlassen werden.

Widme dich deinem alten Hund

Immer wieder begegnen mir Menschen, die mit ihrem alten Hund unterwegs sind und ihm keinerlei Aufmerksamkeit widmen. Sie sind ins Gespräch vertieft, telefonieren oder kümmern sich um einen anderen Hund, während sie den Senior aus den Augen verlieren. Ein Hund, der Schwierigkeiten mit der Wahrnehmung und Orientierung hat, braucht einen menschlichen Begleiter, der für ihn vorausschaut, den Weg findet und Begegnungen managt. Plane deshalb deinen Spaziergang mit einem desorientierten Senior als Solounternehmung oder verabrede mit deiner zweibeinigen Begleitung, dass der Hund Priorität hat. Ein zweiter Hund, dessen Anwesenheit den alten Hund beruhigt, kann ebenfalls helfen.

Der Hund wirkt desorientiert und unsicher

Hunde, die sich an verschiedenen Orten immer gut zurechtgefunden haben und für die neue Situationen kein Problem darstellten, sind nicht davor gefeit, im Alter Zeichen von Desorientierung und Unsicherheit zu zeigen. Das kann unterschiedliche Ursachen haben und bedarf liebevoller Zuwendung und viel Verständnis, auch wenn man nicht immer herausfinden kann, wo das Problem liegt. Eine veränderte Sinneswahrnehmung des Hundes kann eine Ursache dafür sein, dass er etwas als unangenehm empfindet, was ihm bisher nichts ausgemacht hat. Es gibt alte Hunde, die sich im Wald verirren und von ihren Menschen weglaufen statt zu ihnen hinlaufen oder die unschlüssig an einer Weggabelung stehen bleiben, die sie eigentlich gut kennen müssten. Andere wiederum schlagen keine großen Bögen mehr um ihre Menschen herum, sondern bleiben ganz in ihrer Nähe, um ja den Anschluss nicht zu verpassen. Damit sich der Hund nicht verirrt, hilft es, ihn an einer Schleppleine laufen zu lassen, über die man den Kontakt halten kann. Bitte nicht unvermittelt drauftreten, damit der Senior

Bei zwei alten Hunden an der Leine kann es eine ganze Weile dauern, bis man vom Spaziergang zurückkehrt. Die flotte Runde um den Block war gestern.

Foto © Jil Ziegner

keinen plötzlichen Ruck am Halsband oder Geschirr verspürt. Das erschreckt ihn nicht nur völlig unnötig, sondern kann auch seinem empfindlichen Bewegungsapparat schaden. Das Ende der langen Leine in die Hand zu nehmen und den Hund aufmerksam und mit lockerer Hand zu führen macht in dieser Situation viel mehr Sinn.

Sogar in der vertrauten Umgebung im Haus oder Garten und in bekannten Räumlichkeiten bei Nachbarn, Freunden oder Hundesittern kann es zu Situationen kommen, in denen man erkennen kann, dass der Hund unsicheres Verhalten zeigt oder gänzlich desorientiert ist. Einer unserer ersten Windhunde wurde von Tag zu Tag verwirrter. Manchmal parkte er unter dem Bügelbrett, dem Waschbecken oder dem Küchentisch mit dem Blick zur Wand ein und machte keine Anstalten, eine andere Position einzunehmen. Bei Freunden, die ihm sogar erlaubten, auf dem Sofa zu liegen, war er, ganz anders als früher, unruhig und fand seinen Platz nicht mehr. Überall dort, wo es laut und trubelig war, verkroch er sich zitternd hinter meinen Beinen. Im Kapitel ‚In guten wie in schlechten Zeiten' gehe ich unter der Überschrift „Orientierungsstörung und Demenz" noch einmal näher darauf ein.

Der Hund reagiert komplett anders als früher

Alte Hunde können uns überraschen, wenn sie plötzlich ganz anders reagieren, als wir es bisher von ihnen kannten. Das kann positive und negative Auswirkungen haben, je nachdem, welchen Effekt das neue Verhalten auf das Zusammenleben hat.

Unser Whippet war in seinen jungen Jahren „not amused", wenn er im Auto mitfahren musste. Er stieg nur unwillig ein und am liebsten so schnell wie möglich wieder aus. Obwohl wir alles so gestalteten, dass er eine angenehme Fahrt hatte, zeigte er durch starkes Hecheln oder Zittern immer wieder Anzeichen von Stress. Seit vielen Jahren ist er inzwischen zu einem der begeistertsten Mitfahrer geworden, die man sich vorstellen kann. Er stellt sich vor die Autotür, um auf seinen Platz gehoben zu werden, und bleibt auch dann im Auto liegen, wenn man die Tür für ihn öffnet. Was genau den Umschwung verursacht hat, wissen wir nicht, aber wir sind froh darüber, denn das Auto ist die einzige Möglichkeit, den alten Herrn noch mitzunehmen, wenn wir unterwegs sind. Möglicherweise spielt auch hier eine veränderte Wahrnehmung durch ein eingeschränktes Hör- und Sehvermögen eine Rolle, denn wir hatten den Eindruck, dass er früher auf visuelle Reize reagierte und vor allem bei höherem Tempo auf der Autobahn nicht zur Ruhe kam. Jetzt schläft er bei jeder Verkehrssituation wie ein Murmeltier oder schaut entspannt vor sich hin.

Zeigt der Hund ein neues Verhalten, das sich nicht so leicht in den Alltag integrieren lässt, ist Umdenken angesagt. Der Hund meiner Freundin will partout nicht mehr in die Transportbox, die jahrelang sein gemütliches Zuhause in der Küche war. Er hat in der Zwischenzeit keine erkennbaren schlechten Erfahrungen mit der Box gemacht, ist aber nicht mehr dazu zu bewegen, dort sein Lager aufzuschlagen. Er hat jetzt einen neuen Platz am Fenster bekommen, an dem er sich ohne zu murren zufrieden einrollt und schläft.

Die Entdeckung der Langsamkeit

Wer einen alten Hund hat, braucht für die Entschleunigung keinen Urlaub, denn langsam, aber sicher wird jeder Spaziergang zum entspannten Walk. Da, wo früher die Radtour, der Waldspaziergang oder die Runde um den See kaum ausreichte, um den Hund auszulasten,

Bodyguard

Schütze deinen alten Hund bei Begegnungen mit anderen Hunden und vor Menschen, die deinen vierbeinigen Begleiter einfach anfassen wollen. Stell dich vor ihn und kommuniziere klar und deutlich, was ihr wollt und, vor allem, was ihr nicht wollt. Lass dich nicht in Diskussionen verwickeln und wehre andere Hunde ab, wenn die Besitzer sich nicht selbst darum kümmern.

kehrt heute von selbst Ruhe ein. Man merkt es daran, dass die Schnüffelmomente immer länger und die Kilometer immer weniger werden. Irgendwann kann man gar nicht mehr von Kilometern sprechen, weil der Senior schon am Gartentor des Nachbarn von selbst umdreht oder entscheidet, seine Draußenzeit nicht mehr weiter entfernt als auf der Wiese vor dem Haus zu verbringen.

Der schmale Grat zwischen Über- und Unterforderung

Wie bei Menschen gibt es aber solche und solche. Der eine zockelt trotz Arthrose tapfer weiter, der andere will gar nicht erst mit hinaus. Jetzt kommst du ins Spiel, denn du kennst deinen Hund am besten. Schiebt er eine ruhige Kugel, weil er nicht kann oder weil er schon immer den leichteren Weg gewählt hat? Vermutlich ist es eine kleine Gratwanderung zwischen Unter- und Überforderung, bis du herausgefunden hast, wo jetzt im Alter seine Grenzen liegen.

Meine Border-Collie-Hündin hat auf unseren Waldspaziergängen noch alles gegeben, obwohl sie eigentlich nicht mehr konnte. Sie versuchte immer noch auf Holzstapel zu klettern und auf der großen Runde vorauszulaufen, während der Whippet einfach stehen bleibt oder umdreht, wenn der Spaziergang für ihn lang genug war. In dieser Zeit gibt es also Momente, in denen wir für unsere Hunde entscheiden müssen, um Überbelastung ebenso zu vermeiden wie chronische Unterforderung. Für den Border Collie bedeutete es, dass wir früher abgebogen sind und die Holzstapel ausgelassen haben, mit dem Whippet dagegen verlängern wir den Spaziergang meistens um ein zumutbares Maß. Auf dem Rückweg zeigt sich, dass er mit der Strecke nicht überfordert war, denn wie ein Pferd, von dem man sagt, es rieche den Stall, legt auch er an Tempo zu und ist bedeutend schneller zu Hause als gedacht.

Je nachdem, wie es deinem Hund geht, entscheidet sich auch, was du ihm noch zumuten kannst. Wenn du festgestellt hast, dass er Auseinandersetzungen mit anderen Hunden nicht mehr gewachsen ist oder er beim Spiel mit Kindern keine Freude mehr ausdrückt, ist es nur fair, deinen Senior solchen Situationen nicht mehr auszusetzen. Das bedeutet nicht, ihn ab jetzt zu Hause zu lassen. Es kann aber sein, dass er jetzt etwas anders gestaltete Unternehmungen braucht, bei denen Rücksicht auf sein Tempo und seine Vorlieben genommen wird. Wenn du deinen Hundesenior aufmerksam beobachtest, wirst du schnell merken, wann er entspannt und zufrieden reagiert, und erkennen, was Stress für ihn bedeutet.

Mach mal Pause

Eine kleine Pause während des Spaziergangs oder ein Tee auf der Gartenbank, während unser Hundesenior draußen unterwegs ist, tut auch uns Menschen gut. Eine schöne Zeit, in der man sich mit dem Hund beschäftigen und den hektischen Alltag kurz vergessen kann.

Wenn der Radius immer kleiner wird

Ist der Moment gekommen, in dem jeder Weg zu weit wird, darf man sich mit dem Senior auf das Grün beschränken, das in erreichbarer Nähe ist. Oder man nimmt den alten Herrn oder die alte Dame im Auto mit (vorausgesetzt, der Hund mag Autofahren und kann es gesundheitlich gut vertragen) und macht einen kleinen Ausflug. Gestalte alle noch so kleinen Draußenzeiten für deinen Hund so angenehm wie möglich. Ziehe ihm eine Jacke an, wenn er friert, begleite ihn auf seinem Weg, auch wenn es nur der Garten ist, in dem er sich noch bewegen kann, und motiviere ihn mit einem Spielzeug oder durch deine eigene Bewegung dazu, ein paarmal die Richtung zu wechseln und kleine Hindernisse zu überwinden. Hunde, die unsicher laufen und sogar hinfallen, kannst du mit einem passenden Geschirr führen. Es hilft dir, den Hund wieder auf die Beine zu bringen, und gibt dem Tier ein sicheres Gefühl.

Jimmy legt sich gerne zwischendurch ins Laub, bleibt dabei aber aufmerksam, damit er nicht den Anschluss verpasst.

Story

Chaplin lebt bei Violetta und verbringt viel Zeit mit ihr im Atelier. Im Alter ist er ein entspannter Geselle geworden, der geduldig wartet, bis seine kreative Besitzerin Zeit für eine Streichelpause hat. Früher wäre das undenkbar gewesen, denn der kurzhaarige Rüde war in seiner Jugend ein ziemlicher Rabauke.

Der Hund der Künstlerin

„Als Chaplin zu mir kam, war er schon anderthalb Jahre alt. Ich begegnete ihm auf der Insel Menorca, auf der ich damals wohnte, im Tierheim. Der junge weiß-braun gefleckte Jagdhund schmiegte sich gleich an mich und meinen Sohn Carl. Schnell war uns klar, dass Chaplin unser neues Familienmitglied werden würde.

Seitdem sind viele Jahre vergangen, meine beiden Söhne haben längst das Haus verlassen und Chaplin ist inzwischen mein bester Kumpel im Atelier. Wir sind unzertrennlich und ich genieße die Zeit mit ihm jetzt ganz besonders.

Das war nicht immer so, denn als junger Hund war Chaplin so wild und unbändig, dass ich manchmal sogar daran dachte, ihn abzugeben. Wenn ich mit meinem Sohn spielte, warf Chaplin sich zum Beispiel immer dazwischen. Er war zwar nie aggressiv, hatte aber enorme Kräfte. Er stahl alles, man durfte nichts liegen lassen, und auch das Öffnen von Schubladen und Türen war für ihn eine Leichtigkeit.

Eines Tages kam ich von meiner Arbeit am Theater nach Hause und Chaplin war entwischt. Er hatte sich mal wieder zu einer Erkundungstour aufgemacht. Grund genug, endlich eine Hundeschule zu besuchen in der wir beide lernen durften, wie wir unser Zusammenleben für beide Seiten erfreulich gestalten können. Endlich eingenordet, haben wir beide wunderbare Zeiten in der Natur erlebt. Chaplin hat mich im Sommer frei laufend begleitet, wenn ich am Rhein mit Inlineskates unterwegs war. Im Winter stand ich auf Langlaufskiern, begleitet von einem energiegeladenen Hund, der begeistert durch den tiefen Schnee pflügte. Auch am Fahrrad lief er gern und vergnügt. Vor einiger Zeit merkte ich, dass Chaplin bei unseren gemeinsamen Touren nicht mehr so recht mithalten konnte. Stattdessen sind wir, so oft es geht, im Wald zu finden, wo wir in Chaplins Tempo immer noch so einige Kilometer zurücklegen können.

Ich habe das Gefühl, dass er viel tiefer schläft als früher; er reagiert auch nicht mehr sofort, wenn ich nach Hause komme. Im Schlaf verliert er immer ein bisschen Urin, deshalb habe ich ihm wasserdichte Wickelunterlagen unter seine Schlafdecke gelegt. Leider hat er sich seit einiger Zeit angewöhnt, immer dann zu bellen, wenn ich telefoniere. Aber die Freude an diesem lieben Seelenhund überwiegt, und ich hoffe sehr, dass er in meinem Atelier noch die Entstehung vieler Bilder miterleben wird.

Mein Tipp:

Beziehe deinen alten Hund immer in dein Leben mit ein, damit er spürt, dass er ein wichtiger Teil deiner Familie ist."

Jagdhund Chaplin ist gern gesehener Gast im Atelier von Violetta Zerni.

Foto © Barbara Paikert

GESUND UND FIT: Liebevolle Pflege und passende Aufgaben

Alte Hunde müssen weder unangenehm riechen noch ein struppiges Fell haben. Ihre Augen können strahlen und ihre Krallen sollten nicht zu lang und nicht zu kurz sein. Die Ohren müssen regelmäßig gesäubert und die Zähne täglich geputzt werden. Rundum gepflegt geht es an die frische Luft, um kleine oder große Abenteuer zu erleben. In diesem Kapitel erfährst du alles über die Pflege, die ein alter Hund braucht, und über altersgerechte Beschäftigung, bei der neben der nötigen Bewegung auch die geistige Auslastung nicht zu kurz kommt.

So pflegst du deinen alten Hund optimal

Ich freue mich immer besonders, wenn jemand bemerkt, dass meine alten Hunde mit glänzendem Fell, sauberen Zähnen und einer insgesamt gepflegten Erscheinung unterwegs sind. Von Anfang an schenke ich der Pflege viel Aufmerksamkeit, und gerade im Alter achte ich darauf, denn dann ist die Versorgung in vielen Fällen aufwendiger und braucht mehr Zeit. Wer jedoch täglich etwas für das Aussehen und Wohlbefinden seines Hundes tut, schenkt ihm gleichzeitig auch ganz viel Liebe und Würde. Es bricht mir das Herz, wenn ich sehe, dass alte Hunde vernachlässigt werden. Da liegt der treue Gefährte mit verfilztem Fell in seinem schmutzigen Körbchen, wird wegen seines unangenehmen Maulgeruchs weniger gestreichelt als früher, und seine Ohren sind verklebt und voller Sand.

All das muss nicht sein, und ich wünsche mir von Herzen, dass jeder, der so einen abgedankten alten Hund trifft, die Besitzer darauf anspricht und nicht lockerlässt, bis der Senior die Fürsorge bekommt, die er verdient. Auch wenn man herausbekommt, dass ein Hundesenior vernachlässigt wird und gar nicht mehr vor die Tür kommt, sollte man sich nicht scheuen, umgehend entsprechende Instanzen zu informieren und der Sache nachzugehen.

Haut- und Fellpflege

Bei der Haut- und Fellpflege steht das Bürsten im Vordergrund, auch wenn der Hund nur kurzes Fell hat. So entfernst du lose Haare und Hautschuppen und kannst gleichzeitig untersuchen, ob der Hund Hautveränderungen, Rötungen oder gar Parasiten hat.

Finn genießt die tägliche Fellpflege und die damit verbundene liebevolle Aufmerksamkeit.

Foto © Janine Hegendorf

Verfilzt?

Bei langhaarigen Hunden kann es vorkommen, dass ihr Fell an Stellen verfilzt, auf denen sie länger liegen. Lass dir in diesem Fall von einem professionellen Hundefriseur helfen und fang nicht selbst an zu schnippeln. Ob eine Schur des kompletten Hundes empfehlenswert ist, muss je nach Fellbeschaffenheit entschieden werden, denn nicht immer wächst das Fell so nach, wie es war. Sollte eine Schur unumgänglich sein, braucht der alte Herr oder die alte Dame in kühleren Jahreszeiten eine warme Jacke und einen Regenschutz, solange die schützende Fett- und Fellschicht fehlt.

Was das Waschen betrifft, empfehle ich dir, deinen alten Hund nur dann komplett zu waschen, wenn sich Schmutz oder Kot nicht mehr mithilfe einer Bürste aus dem Fell entfernen lässt. Häufiges Waschen schadet dem Säureschutzmantel der Haut, außerdem ist es für einen älteren Hund oft wesentlich anstrengender als für einen Jungspund, der mit dir unter die Dusche hüpft.

Bei meinen alten Hunden mache ich lieber Katzenwäsche. Dazu nehme ich einen Eimer mit handwarmem Wasser, in das ich etwas pflegendes Hundeshampoo oder Hundeseife gebe. Mit einem weichen Lappen, den ich in das Wasser getaucht habe, reibe ich den Hund erst einmal komplett ab. Dann säubere ich die Stellen, die besonderer Pflege bedürfen, wie die Haut hinter den Ohren, die Genitalien und das Gesäuge der Hündin. Anschließend ziehe ich dem Hund einen Hundebademantel an, damit er trocknen kann. Ich empfehle das bei alten Hunden grundsätzlich, damit sie nicht auskühlen. Wenn der Hund getrocknet ist, gebe ich etwas Kokosöl in meine Hände und streife damit über das Fell des Hundes.

Zahnpflege

Einmal am Tag brauchen auch die Zähne deines Hundes ihre Pflege. Entweder mit einer speziellen Hundezahnbürste, die der Anatomie des Hundemauls angepasst ist und von der es sogar elektrische Ausführungen gibt, oder mit einer Fingerzahnbürste (eine kleine Kappe mit Gummibürste, die auf den Finger gesteckt wird). Bitte verwende unbedingt spezielle Hundezahnpasta, denn Menschenzahnpasta schäumt und kann bei deinem Senior zu Magenproblemen führen.

Eine Vorbehandlung mit einem Dentalspray für Hunde hilft, hartnäckige Zahnbeläge anzulösen. Durch das tägliche Zähneputzen beugst du der Zahnsteinbildung vor. Sollte er sich dennoch gebildet haben, ist möglicherweise eine Zahnsteinentfernung beim Tierarzt erforderlich. Da Hunde dafür aber meistens in Narkose gelegt werden müssen, muss bei einem alten Hund erst untersucht werden, ob sein Herz dieser Behandlung standhalten kann. Wenn der Hund das Zähneputzen kennt, reicht manchmal auch eine leichte Sedierung für eine schnelle Behandlung mit Handinstrumenten.

Meinen eigenen Hunden bringe ich schon im Welpenalter bei, dass sie sich von mir die Zähne putzen und den Zahnstein mit Handinstrumenten entfernen lassen. Die Technik habe ich mir von einem befreundeten Tierarzt beibringen lassen. Das ist wichtig, denn mit den scharfen Instrumenten kann man bei falscher Handhabung Zahnschmelz, Zahnfleisch und Zunge beschädigen. Außerdem müssen die Zähne nach dieser Behandlung poliert werden. Dazu verwende ich einen Fingeraufsatz aus Frotteestoff und eine Hundezahnpasta. Ich poliere so lange, bis die Zähne glatt und glänzend sind. Der große Vorteil dieser Eigenbehandlung ist, dass meine Hunde für

Die Zähne des alten Hundes müssen regelmäßig kontrolliert und sorgfältig gepflegt werden.

Maulspülung mit Salbeitee

Nach der Zahnreinigung spüle ich das Maul des Hundes mit lauwarmem Salbeitee. Ich lasse dazu einige Salbeiblätter fünf Minuten in heißem Wasser ziehen, gieße den Tee ab und lasse ihn abkühlen. Mit einer Spritze ohne Nadel ziehe ich die Flüssigkeit auf und spüle damit das Zahnfleisch. Einen Teil schluckt der Hund (was ihm nicht schadet), der Rest läuft aus dem Maul und wird auf einem alten Frotteetuch aufgefangen. Der Salbei hat eine entzündungshemmende und antibakterielle Wirkung.
Bei Husten kann man dem Hund übrigens auf die gleiche Weise Salbeitee mit etwas Honig geben. Dabei nie den Kopf des Hundes in den Nacken legen, sondern immer gerade oder leicht nach vorn halten, damit er sich nicht verschluckt.

die Zahnbehandlung keine Narkose benötigen, es sei denn, ein Zahn muss tiefgreifender behandelt werden. Ich empfehle, bei jüngeren Hunden einmal täglich und bei alten Hunden bis zu dreimal täglich ein hochwertiges Dentalspray anzuwenden. Sind Zähne und Zahnfleisch gesund und sauber, hat auch der alte Hund keinen unangenehmen Maulgeruch.

Ohrenpflege

Hunde jeden Alters können Ohrenprobleme bekommen, deshalb ist eine regelmäßige Reinigung und Kontrolle der Ohren nicht nur beim älteren Hund wichtig. Es ist empfehlenswert ein pflegendes Mittel zur Ohrenreinigung zu verwenden, das keinen Alkohol enthält. Ohrpflegepräparate helfen, Ohrenschmalz sanft zu lösen und die Haut des

Alles, was gut sichtbar ist, kann vorsichtig gereinigt werden. Die Tiefenreinigung der Ohren sollte vom Tierarzt durchgeführt werden.

äußeren Gehörgangs zu beruhigen. Wenn das Ohr getrocknet ist (warte am besten mindestens eine Stunde), kann man noch ein zusätzliches pflegendes und entzündungshemmendes Präparat ins Ohr geben.

Bitte keine Wattestäbchen für Hundeohren

Bohre auf gar keinen Fall mit Wattestäbchen in den Tiefen der Hundeohren herum. Die Gefahr, dass das Trommelfell dabei verletzt wird, ist groß. Der Tierarzt kann mit einer speziellen beleuchteten Lupe in das Ohr des Hundes schauen und, falls notwendig, mit dafür geeigneten Instrumenten fest sitzendes Ohrenschmalz entfernen.

Bitte lass dir unbedingt vom Tierarzt oder der Hundefriseurin zeigen, wie du die Ohren mit einem weichen Tuch von innen reinigen kannst. Die tiefere Reinigung solltest du dem Tierarzt überlassen, der mit einem speziellen Ohrmikroskop auch den inneren Gehörgang bis zum Trommelfell gründlich untersucht.

Krallen- und Pfotenpflege

Je nach Beschaffenheit der Pfoten des Hundes nutzen sich die Krallen ab, ohne dass man sie regelmäßig schneiden muss. Sind sie so kurz geworden, dass sie Schmerzen verursachen, weil der durchblutete Teil der Kralle freiliegt, kannst du deinem Hund mit

Krallenkappen helfen, die mit einem dafür vorgesehenen Kleber auf die Krallen geklebt werden.

Zu lange Krallen kommen besonders bei alten Hunden aber auch oft vor, wenn sie nicht mehr so lange Spaziergänge machen können, bei denen sich die Krallen von selbst abnutzen. Helle Krallen kannst du selbst kürzen, indem du die Pfote über eine Taschenlampe hältst, sodass du sehen kannst, wo der durchblutete Teil anfängt. Schneide mit einer Krallenzange nur die durchsichtige Spitze ab. Dunkle Krallen solltest du lieber bei der Tierärztin oder Hundefriseurin schneiden lassen.

Vor allem im Winter haben ältere Hunde manchmal trockene und rissige Pfoten. Bade sie deshalb regelmäßig in einem pflegenden Pfotenbad und reibe sie anschließend

Haare zwischen den Pfotenballen schneiden?

Je nach Rasse und Fellbeschaffenheit wachsen bei Hunden Haare zwischen den Pfotenballen. Diese können so lang werden, dass sie beim Laufen drücken oder im Haus dazu führen, dass der Senior auf glatten Böden und Treppenstufen keinen sicheren Halt mehr findet und ausgleitet. Die Haare verfilzen, werden schmutzig und Parasiten können sich darin einnisten. Deshalb muss das überstehende Fell an dieser Stelle vorsichtig und sorgfältig geschnitten werden. Falls du dich nicht selbst herantraust: Hundefriseure verhelfen deinem Hund gern zu einem korrekten Haarschnitt auch zwischen den Pfotenballen.

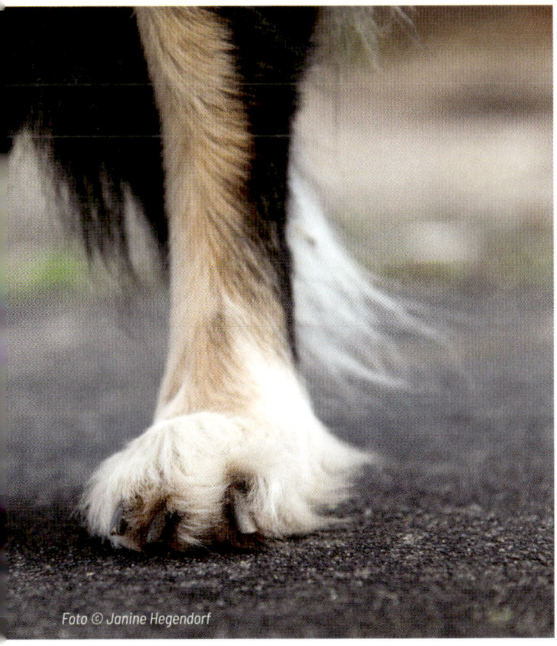

Die Krallen sollten nicht den Boden berühren und müssen mit einer speziellen Krallenschere oder Krallenzange gekürzt werden.

Weicher Waldboden tut Hund und Mensch gut, die Krallen werden dabei weniger stark abgenutzt als auf hartem Untergrund.

Wenn Haare zwischen den Pfotenballen wachsen, müssen sie regelmäßig geschnitten werden.

Sie werden mit einer speziellen Schere vorsichtig abgeschnitten.

mit einer ölhaltigen Salbe ein. Damit nicht hinterher das ganze Haus voller öliger Pfotenabdrücke ist, ziehe ich Babysöckchen über die Pfoten und umwickle sie mit selbsthaftendem Tape.

Wie kann ich meinen Hund im Alter sinnvoll beschäftigen?

Jeder Hund, unabhängig von Rasse und Größe, sollte eine Aufgabe haben. Das muss nicht immer etwas Großes sein wie Schafe hüten, den Hof bewachen oder Trüffeln suchen. Einkaufstasche, Portemonnaie oder Schlüssel tragen, die Zeitung aus dem Briefkasten holen oder unterwegs das eigene Futter zusammensuchen sind nur einige Beispiele für Alltagsbeschäftigungen, die der Hund schon lernen kann, wenn er noch sehr jung ist.

Alltag in jüngeren Jahren

Bestimmte Rassen wurden für spezielle Aufgaben gezüchtet, für die sie auch eingesetzt werden sollten, damit ihre Anlagen und ihre Intelligenz gefordert und gefördert werden. Geschieht das nicht, langweilt sich der Hund und er fängt an, sich mit teilweise sehr innovativen Ideen selbst zu beschäftigen. Ein auseinandergenommenes Sofa, Vögel jagen im Garten oder unaufhörliches Bellen bei jeder kleinen Regung sind keine Seltenheit. Ein Bällchen fixierender Border Collie ist eine ebenso traurige Angelegenheit wie der kraftvolle Jagdhund, der verzweifelt nach

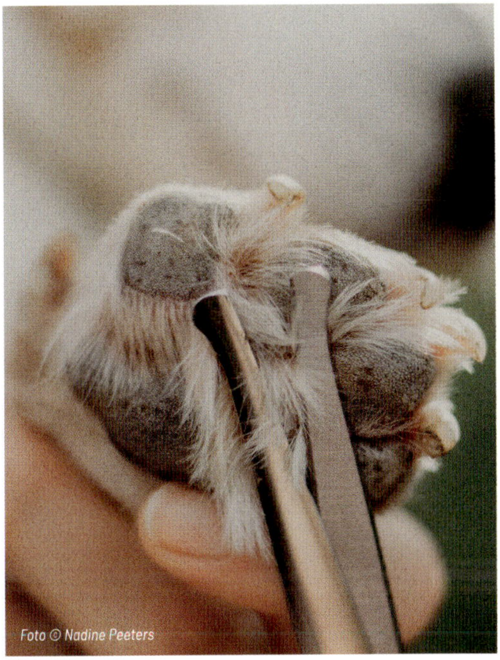
Foto © Nadine Peeters

Die stumpfen Enden der Schere helfen, Verletzungen zu vermeiden.

Foto © Nadine Peeters

Jetzt kann man die Stellen zwischen den Pfotenballen leichter reinigen und pflegen.

Beschäftigungsmöglichkeiten in der Zweizimmerwohnung sucht.

Ist man weder Jäger noch Schäfer, gilt es, für den Hund befriedigende Ersatzbeschäftigungen zu finden oder solche Rassen gar nicht erst anzuschaffen. Auch Mischlinge tragen bestimmte Eigenschaften in sich, die ausgelebt werden müssen, damit sich der Hund nicht langweilt und daraus Verhaltensauffälligkeiten entwickelt. Es macht großen Spaß zu entdecken, was Hunde auch später noch lernen können, und es kann den Alltag für alle Beteiligten so viel lebendiger machen.

Je nachdem, welche Sinne und Fähigkeiten besonders ausgeprägt und leicht erweiterbar sind, kann die Beschäftigung des noch nicht so alten Hundes aus vielfältigen Aufgaben bestehen. Ich kenne zum Beispiel eine Besitzerin von sieben Windhunden, die alle gelernt haben, sich selbst zuzudecken. Vor allem im Winter ist das eine große Arbeitserleichterung, denn die zarten Geschöpfe lieben es warm. Mit diesen Hunden ist die Lehrerin auch in Schulklassen, Kindergärten und Senioreneinrichtungen unterwegs, um zu zeigen, wie es ist, einem anderen Lebewesen respektvoll zu begegnen, und auch, um Ängste abzubauen und bei alten Menschen Erinne-

Balance

Es ist wunderbar, wenn dein Hund Aufgaben hat, die zu ihm passen. Achte trotzdem darauf, dass er zwischendurch immer wieder Zeit hat, herunterzufahren. Er gerät sonst durch zu viel Adrenalin in eine Aktivitätsschleife, die ihm Stress bereiten kann.

Beschäftigung ist wichtig, aber Ruhezeiten müssen sein. Das gilt für alle Lebensphasen des Hundes, bei Hundesenioren sollten sie aber häufiger und länger in den Alltag eingebaut werden.

rungen an die eigenen Haustiere zu wecken. Die Hunde sind bei diesen Treffen immer ganz bei der Sache und schlafen nach getaner Arbeit zufrieden unter ihren verschiedenen Decken.

Hunde mit einer guten Nase können lernen, bestimmte Gerüche zu erschnüffeln und diese im Haus und in der Natur wiederzufinden. Im sogenannten Mantrailing lernen sie, Menschen zu suchen, und auf dem täglichen Spaziergang kann man für sie etwas verstecken, was sie suchen dürfen. Jagdhunde können das Apportieren lernen und ausüben, ohne dass einem anderen Tier auch nur ein Haar gekrümmt werden muss. Sogenannte Dummys (längliche Leinenbeutel, die bisssicher gefüllt sind) sind der Ersatz für die Beute. Es gibt sie auch als Futterdummys, und manch ein Hund erarbeitet sich einen Teil seiner Tagesration, indem er den Futterbeutel sucht und bringt. Dies sind nur einige Beispiele für die Beschäftigung junger und erwachsener Hunde. Es gibt sehr gute aktuelle Literatur dazu, im Anhang dieses Buches nenne ich einige Titel.

Unwiederbringlich vorbei

Unsere Border-Collie-Hündin konnte Schafe hüten, Sachen suchen, klettern, schwimmen und noch vieles mehr. Es war nicht schwer, den hochintelligenten Hund zu beschäftigen. Wir hatten dadurch einen ausgeglichenen Hütehund, der freiwillig Pausen einlegen konnte.

Eines Tages, sie war damals schon fast 15 Jahre alt, versteckte ich ein paar Dummys für sie und gab ihr das Zeichen für die Suche. Sie begann hektisch und völlig unstrukturiert zu suchen, ganz anders, als ich es von ihr gewohnt war. Nach einiger Zeit kam sie ohne Dummy zurück und machte auch keine Anstalten mehr, aufs Neue zu suchen. Ruhig ging ich mit ihr zu den verschiedenen Verstecken und zeigte ihr, was ich dort hingelegt hatte. Sie schien sich zu freuen, zeigte aber nicht die Begeisterung, die früher bei jedem Fund kaum zu überbieten war. Es hatte sich etwas verändert, was nicht mehr zurückkommen sollte. Ein paarmal habe ich noch versucht, die Verstecke einfacher zu gestalten und sie zuschauen zu lassen, während ich etwas verbarg, was sie gut kannte. Als ich merkte, dass sie die Dummys gar nicht mehr finden konnte, verdrückte ich erst einige Tränen und fand dann heraus, was ihr stattdessen noch Spaß machte, denn sie war bis drei Tage vor ihrem Tod ein starker und aktiver Hund.

Wahrscheinlich wirst du mit deinem alten Hund auch Momente erleben, in denen dir klar wird, dass etwas, was in den jüngeren Jahren deines Begleiters selbstverständlich war, nun nicht mehr möglich ist. Diese Feststellung tut weh und lässt uns gleichzeitig in Erinnerung schwelgen. Auch wenn die Welt dadurch ein bisschen kleiner zu werden scheint, ist damit nicht alles vorbei. Bis zum Schluss kann man liebevolle Alternativen finden, die sich an dem orientieren, was der Senior noch kann.

Foto © Janine Hegendorf

Hündin Emma kann keine langen Spaziergänge mehr machen, ist aber eine tolle Unterstützung bei der Kinderbetreuung.

Neue Aufgaben für Hunderentner?

Es gibt Hunde, die sind bis zu ihrem Tod so fit und munter, dass sie noch fast alles machen können, was ihnen bisher Spaß bereitet hat. Wenn die körperliche Leistungsfähigkeit nachlässt, müssen wir unseren Hunden aber helfen, rechtzeitig ihre Grenzen zu erkennen, damit sie sich nicht selbst in Gefahr bringen. Es kann nämlich durchaus sein, dass sie sich überschätzen und damit in Situationen geraten, aus denen sie sich nicht mehr ohne Hilfe befreien können. Manche treuen Gefährten geben nach wie vor alles, um ihren Menschen zu gefallen, auch wenn sie eigentlich nicht mehr in der Lage sind, abzuschätzen, was noch geht. Ist diese Phase erreicht, ist es an uns, Aktivitäten und Spaziergänge so zu gestalten, dass Abwechslung und Freude gegeben sind, eine Überforderung aber vermieden wird.

Oft ist es so, dass der alte Hund seine früheren Aufgaben gar nicht mehr ausführen kann. Ihm fehlt die Kraft, die Ausdauer und möglicherweise auch das Tempo und die Orientierung, die für komplexe Abläufe erforderlich sind. Merkst du bei deinem Hund, dass er Abbruchverhalten zeigt oder schnell erschöpft ist und sich hinlegt, dann ist es an der Zeit, Alternativen zu finden. Sonst wird das Leben des ehemals aktiven Hundes „in der Rente" langweilig. Das, was er stattdessen tut, muss nicht zwangsläufig eine neue Aufgabe sein, denn der Vierbeiner ist schließlich jetzt in seiner wohlverdienten Rente. Trotzdem bleibt es wichtig für ihn, in Bewegung zu sein, kleine Erlebnisse und passende Begegnungen zu haben.

Alternativen finden und gemeinsam genießen

Da meine alte Hündin auch nicht mehr sicher schwimmen und klettern konnte und in ihren letzten Lebensjahren sogar ein wenig ängst-

Motivation ist alles

Dein Hund dreht beim Spaziergang um, sobald ihr die Straßenecke erreicht habt, oder erhebt sich gar nicht erst aus dem Körbchen, wenn du mit der Leine ankommst? Motiviere ihn dazu, trotzdem mitzugehen und weiter zu laufen als bis zum ersten Pipi. Nimm sein Lieblingsspielzeug mit, trabe neben ihm her, wenn er das Tempo noch mithalten kann, und zeige ihm begeistert die schönsten Stellen, an denen er schnüffeln kann. Wenigstens einmal am Tag sollte sich auch ein Hundesenior aufraffen, um an der frischen Luft und in Bewegung zu sein. Wenn er einen guten Tag hat, kannst du sogar versuchen, den Radius ein bisschen zu erweitern.

Sicher durch Schleppleine

Auch wenn der Hund früher ganz selbstverständlich ohne Leine unterwegs war, kann sich das im Alter ändern. Durch eine Abnahme der Seh- und Hörfähigkeit erkennt er unter Umständen eine Gefahr zu spät oder hört die Warnung seines Menschen nicht mehr. Eine lange Leine, wie sie Jäger verwenden, die auf dem Boden schleift oder locker in der Hand des Hundebesitzers liegt, ist in dieser Zeit hilfreich. Von Flexileinen mit Stoppknopf rate ich grundsätzlich ab; die dünnen festen Schnüre können zu schweren Verletzungen führen, wenn der Besitzer unaufmerksam ist oder falls sich der Hund losreißt.

Ältere Hunde können gute Begleiter für ältere Menschen sein. Dackel Liese liebt den Schoß des Großvaters als Aussichtsposten.

Liese motiviert alle Familienmitglieder zu Spaziergängen, sie bestimmt aber gleichzeitig sehr deutlich, wie weit sie gehen mag.

lich war, wenn wir zu den Schafen gingen, haben wir alle diese Aktivitäten gestrichen. Als sie begann, sich zunehmend auf unseren Spaziergängen zu verirren, habe ich eine Schleppleine mitgenommen und unterwegs kleine leichte Fährten mit Käse, Lachsbröckchen oder gut riechenden getrockneten Würstchen gelegt. Die Ration wurde natürlich von der Tagesmenge abgezogen, die Aktivität brachte aber ein neues kleines Highlight auf unseren früher immer sehr bewegungsfreudigen Spaziergängen. Der Wald war unsere gemeinsame Agilitystrecke mit Baumstämmen, Wasserstellen und kleinen Hügeln. Wir blieben jetzt auf flacher Strecke, machten Slalom nur noch um große Bäume und nahmen hin und wieder eine ganz kleine Hürde über den Ast eines umgefallenen Baums. Vor allem aber machten wir Pausen auf einer Lichtung und ruhten uns aus, bevor es in aller Ruhe wieder nach Hause ging.

Zum Schluss liefen wir nicht mehr die große und auch nicht mehr die mittlere und kleine, sondern nur noch die ganz kleine Runde. Wir nahmen uns alle Zeit der Welt und entdeckten die schönsten Dinge: ein Reh, das ruhig in unserer Nähe graste, wunderliche Pilze, Eichhörnchen über unseren Köpfen und die Ruhe des Waldes, die leichter spürbar ist, wenn man nicht mehr auf der Suche nach der nächsten Kletterstation ist.

Die Schnüffelrunde

Wird der Radius kleiner, in dem man sich mit dem Hunderentner bewegt, gibt es trotzdem

Lila, die Seniorchefin, beschäftigt sich gern mit ihrem Schnüffelteppich (Bezugsadresse im Anhang).

noch jede Menge zu entdecken, denn fast alle Hunde lieben es, lange und ausgiebig zu schnüffeln. Es scheint so, als würde die Schnüffelzeit im Alter immer länger, vielleicht ein bisschen so, wie wenn sich ein zweibeiniger Rentner endlich ganz ausführlich seiner Tageszeitung widmen kann.

Da, wo man früher ungeduldig an der Leine gezupft hat, um den Hund zum Weitergehen zu bewegen, kann man heute stehen bleiben und warten. Einfach mal loslassen und dem Schnüffler seine Zeit gönnen. Natürlich nicht gerade am allergrößten Haufen des Labradors von nebenan, aber schon an einer Stelle, an der es viel zu lesen gibt. Rüden besiegeln den Austausch mit Artgenossen gern mit einem eigenen Schwall an dieser Stelle, Hündinnen gehen meistens von selbst irgendwann weiter. Auf dem weiteren Weg werden dann die neuesten Informationen verarbeitet, bis die nächste interessante Stelle auftaucht, an der es etwas zu erfahren gibt. Nach einer ausgiebigen Schnüffelrunde fällt unser derzeitiger Senior jedenfalls erst mal für viele Stunden in einen entspannten Schlaf. Wovon er wohl träumt?

Drinnen Schnüffeln geht auch!

Das Wetter ist schlecht, der Senior ist nicht gut zu Fuß oder die Zeit für eine ausgiebige Schnüffelrunde ist zu knapp? Kein Problem: Mit dem Schnüffelteppich, in dem der Hund kleine leckere Snacks aufspüren darf, oder einem Karton, in dem wohlduftende Leckereien zwischen zerknülltem Papier versteckt sind, ist dein alter Hund auch zu Hause immer wieder für längere Zeit beschäftigt. Es gibt auch kompliziertere Schnüffelspiele für Hunde, behalte hier aber aufmerksam im Auge, ob der Hund Spaß hat oder möglicherweise überfordert ist.

Lass dich führen!

Die Erweiterung der oben beschriebenen Schnüffelrunde dreht den Spieß um: Dein Hund führt dich an der Leine und zeigt dir die schönsten Plätze in der Umgebung.

„Wie bitte?", denkst du jetzt vielleicht. „Nun habe ich so lange daran gearbeitet, dass mir mein Hund folgt und das tut, was ich sage, und nun soll ich dem in die Jahre gekommenen Gefährten die Führung überlassen?" Jein, denn die Idee gilt natürlich nicht an Straßen, mitten in der Stadt oder dort, wo viele andere Hunde sind. Es ist eher so gedacht, dass ihr euch einen ruhigen Feldweg sucht, an dem der Senior ausgiebig schnüffeln kann. Bei meinem alten Whippet sieht das folgendermaßen aus: Nach kurzer Wegstrecke machen wir halt, und es dauert meistens sehr lange, bis es weitergeht. Er schnüffelt intensiv ohne abzusetzen, hinterlässt eine kräftige Markierung und fällt beim anschließenden Macho-Kratzen fast um. Dann geht's weiter, meistens auf der anderen Seite des Weges, denn dort riecht es wahrscheinlich viel besser. So eine Zickzacktour braucht ihre Zeit und wir gelangen dabei manchmal sogar ins Unterholz, in Ackerfurchen oder irgendwohin, wo es nicht weitergeht. Macht nichts. Für mich sind diese etwas anderen Spaziergänge meditative Momente, für den Hund altersgerechte Ausflüge, die uns beiden Spaß machen.

Fahrt ins Blaue

Wenn dein Hund schon bereitsteht, sobald du den Autoschlüssel in die Hand nimmst, wird es Zeit mit ihm loszuziehen, um einen kleinen Road Trip zu machen. Einfach mal raus aus dem Alltagstrott und rein ins Vergnügen,

Kinderwagen oder anderes Gefährt?

Kleinere Hunde können längere Strecken auch im Kinderwagen überbrücken, größere im Bollerwagen oder Fahrradanhänger. Vor allem, wenn man noch andere Hunde hat, kann der Senior auf diese Weise trotzdem noch mit und darf im Wagen Platz nehmen, wenn er müde wird.

immer vorausgesetzt, der Hund findet sich an neuen Orten noch zurecht. Natürlich darf es auch ein Platz sein, zu dem ihr früher mit dem Fahrrad gefahren oder gelaufen seid.

Die Eindrücke sind für den Senior wahrscheinlich schon spannend genug, ansonsten freut er sich sicher über eine Erkundungstour. Beobachte ihn genau, um festzustellen, ob er sich wohlfühlt. Drehe rechtzeitig um, damit er noch genug Kraft für den Rückweg hat, und nimm Wasser und einen Hundesnack mit. Dein Hund kann gar nicht mehr weit laufen? Dann dreht eine kleine Runde und setzt euch einfach zusammen ins Gras oder auf eine Decke und genießt die Aussicht. So kann man auch für sehr alte Hunde immer noch ab und zu einen Tapetenwechsel organisieren, der neue Energie gibt und eine schöne Unternehmung für Hund und Begleiter bedeutet.

Süden ist da, wo es schön ist

Kennst du die Geschichte von Janosch, bei dem der kleine Tiger und der kleine Bär nach einer langen Reise wieder genau dort ankommen, wo sie losgelaufen sind, nämlich in ihrem kleinen Zuhause am Fluss? So fühlt es sich ein bisschen an, wenn man nach einem Hundeleben voller spannender Aktivitäten, Ausflüge und Reisen überwiegend zu

Foto © Nadine Peeters

Jimmy ist Fuhrparkbesitzer, der kleine Prinz reist in verschiedenen Wagen, je nachdem wo es hingeht.

Foto © Nadine Peeters

Im Dunkeln sind alle mit zweckmäßiger Beleuchtung ausgestattet. Nadine nennt das Ensemble liebevoll „Unseren kleinen Sankt-Martins-Zug".

Sandra zeigt Takk den Einstieg in den Schwimmteich.

Takk ist noch unschlüssig und wird in seinem Entscheidungsprozess von Sandra ermutigt.

Hause bleibt, weil der Hundesenior sich dort am wohlsten fühlt. Unser Windhund, der mit den anderen beiden Hunden immer gern im Wald unterwegs war und wie ein Wirbelsturm durch das Laub gefegt ist, wurde dort plötzlich ängstlich und unsicher. An der Stelle, an der er sich vor Kurzem noch mit einer jungen Hundefreundin von seiner sportlichsten Seite gezeigt hat, stand er nun zitternd da, bewegte sich nicht und ließ sich auch nicht motivieren, einen anderen Weg einzuschlagen. Erst als wir zurück zum Auto gingen, war es, als würde er aufatmen und loslassen. Auf den Feldwegen rund ums Haus ist er dagegen gut gelaunt und ziemlich munter auf den Beinen (wenn es nicht gerade in Strömen regnet, denn Windhunde haben einen eingebauten Regensensor). Er kennt jeden Baum und hat auch eine Stelle, an der er gern umdreht und erstaunlich flott wieder nach Hause läuft. Die Hunde, die uns begegnen, kennt er, und von Unsicherheit ist hier keine Spur. Trotzdem bauen wir in die Tour Variationen ein. Wir machen mal einen Umweg über die Wiese, halten ein Schwätzchen mit den Nachbarn oder biegen für einen Abstecher am Gemüseacker ab, um ein bisschen Petersilie mitzunehmen und um uns eine Pause auf der Gartenbank zu gönnen. Die Spaziergänge sind kurz, dauern aber manchmal lang und bringen frische Luft, Bewegung und Entspannung für Hund und Begleiter.

Nimm dein Handy mit

Dein Hund macht schlapp und keine Menschenseele weit und breit? Verabrede mit jemandem in deiner Nähe, dass du im Notfall anrufen kannst, damit du zusammen mit deinem Hund abgeholt werden kannst.

Story

Sandra lebt mit ihrer Familie und Mischlingsrüde Takk in einem Haus am Waldrand. Dort bekommt Takk genau das, was er braucht, um zufrieden und angstfrei seinen Lebensabend verbringen zu können.

Die Balance zwischen Freiheit und Sorge

Sandra erzählt: „Takk war ungefähr acht Monate alt, als ich den langbeinigen, freundlichen Hund mit dem Goofy-Gesicht im Tierheim entdeckte. Ich brauchte nicht lange nachzudenken, Takk zog am selben Tag noch bei mir und meiner Familie ein. Das ist jetzt 14 Jahre her und seitdem haben wir viel zusammen erlebt. Als er zu mir kam, habe ich mich erst mal nach den Bedürfnissen dieses lustigen Hundes mit dem schelmischen Blick gerichtet, damit er sich langsam an unser turbulentes Familienleben gewöhnt. Nach einiger Zeit hat er dann auch gelernt, unseren Bedürfnissen Raum zu lassen. Dadurch kam jedes Familienmitglied zu seinem Recht und das Zusammenleben wurde immer harmonischer. Gleichzeitig wurde diese Zeit mit Takk aber auch zu einer der größten Herausforderungen, denn es gab alltägliche Erlebnisse, die in ihm eine fast nicht zu bändigende Panik auslösten. Jede Form einer räumlichen Freiheitseinschränkung führte nämlich zu Situationen, in denen er versuchte, Gitterboxen, Zimmertüren und sogar gekippte Fenster aufzubeißen. Ich bin mir sicher, dass er dies niemals aus Böswilligkeit tat. Wir kennen seine Vergangenheit als spanischer Straßenhund nicht, und nur ganz viel Besonnenheit, Ruhe und Zuversicht haben uns und ihm geholfen, einen gemeinsamen Weg zu finden, mit dem alle gut leben konnten.

Zu Takks Vorfahren gehörten bestimmt auch Windhunde. Sein Laufbedürfnis war immer groß und er hat mich viele Jahre auf Ausritten mit meinen Pferden begleitet. Jetzt, wo er alt ist, kann er das leider körperlich nicht mehr. Seine Hinterhand knickt oft ein, manchmal fällt der ziemlich große Hund sogar hin, und deshalb gehört das Laufen von langen Strecken inzwischen der Vergangenheit an. Ich glaube, er würde uns auch jetzt noch gern begleiten, und sein Blick bricht mir manchmal fast das Herz, wenn wir die Pferde satteln und ihn zurücklassen müssen.

Seit er alt ist, stehen die Bedürfnisse von Takk wieder mehr im Mittelpunkt. Er braucht viel Ruhe und gleich bleibende Tagesabläufe, denn er kann sich nicht mehr gut orientieren und gerät schnell in Not, wenn etwas anders ist, als er es gewohnt ist. Außerdem ist er taub und braucht in unserem gemeinsamen Alltag Sichtzeichen von mir. Takk und ich haben insgesamt eine sehr hilfreiche gemeinsame Sprache gefunden, die auch ohne Worte funktioniert. Wir „lesen" uns gegenseitig, spüren, was der andere will, und gestalten so gemeinsam seine kleiner gewordene Welt hier in unserem schönen

Sandra und Takk haben turbulente Zeiten erlebt und sind vertrauensvolle Gefährten geworden.

und weitläufigen Zuhause auf dem Land, damit er sich trotz seiner Einschränkungen noch rundum wohlfühlen kann.

Ich sorge dafür, dass ich immer im Blick habe wo er gerade ist, denn er nimmt manchmal nicht mehr so genau wahr, wo ich bin. Seit einiger Zeit habe ich den Eindruck, dass er auch nicht immer weiß, wo er selbst ist. Seine Orientierungsfähigkeit nimmt ab und man spürt seine Unsicherheit. Deshalb braucht er besonders viel liebevolle Zuwendung, geregelte Tagesabläufe und immer wieder meine ungeteilte Aufmerksamkeit.

In der letzten Phase des Hundelebens sehe ich es als meine Aufgabe, die Balance zwischen Freiheit und Sorge für den Hundesenior zu finden und ihn darin weder zu überfordern noch zu unterfordern. Ich unterstütze ihn darin, mit dem zurechtzukommen, was er nicht mehr kann, und zeige ihm, was trotz allem noch geht. Mit einer helfenden Hand, mit Geduld und Liebe bin ich nun vor allem seine Begleiterin."

Mein Tipp:

„Genieße jeden Augenblick, nimm wahr, was ist, und lächle, auch wenn es mal anstrengend wird. Sei dir bewusst, dass eine Zeit des Abschieds kommen wird, in der du dankbar und glücklich sein darfst, einen so treuen Freund an deiner Seite gehabt zu haben."

SENIORENMENÜ: Gern gefressen, bekömmlich und unterstützend

Was für ein Typ ist dein Hund? Ist sein Fressverhalten so wie das des Labradors, der auch im Alter noch alles frisst, was nicht bei drei auf den Bäumen ist? Oder ist er eher wie ein mäkeliger Windhund (natürlich sind nicht alle Windhunde schwierige Essensgäste!), der sein ganzes Leben lang schon wählerisch war und im Alter einen sehr speziellen Menüplan vorschlägt? Vielleicht hast du auch einen Hund mit einem empfindlichen Magen, der nicht alles verträgt, was man ihm vorsetzt, und dessen Diätplan im Lauf der Jahre immer ein bisschen komplizierter wird. Wie auch immer, Hundesenioren haben generell andere Bedürfnisse als junge Hunde, auch wenn's ums Fressen geht.

Es ist nicht nur wichtig, dass der Hund sein Futter gern zu sich nimmt, er muss es auch gut vertragen können. Die täglichen Rationen sollten deshalb dem veränderten Stoffwechsel angepasst und für seine Gesamtkonstitution unterstützend sein.

Altersgerechte Ernährung

Wer einmal angefangen hat, sich mit Hundeernährung zu befassen, wird bemerken, dass sich ein weites Feld mit unzähligen, oft kontrovers diskutierten Meinungen auftut. Es scheint, als könne man es keinem recht machen. Die gute Nachricht: Der Einzige, dem das Futter genügen muss, ist dein Hund. Und das zu erreichen ist gar nicht so schwer. Je nachdem, wie aktiv der Hund ist und wie er bisher in seinem Leben das Futter verwertet hat, bedarf es guter Beobachtung und vorsichtigen Experimentierens mit Zutaten, Inhaltsstoffen und Mengen, bis die Ernährung zu deinem älter werdenden oder alten Hund passt. Lass dich gern von Profis beraten, aber mach dich nicht verrückt. Du kennst deinen Hund am besten, siehst, was ihm guttut, und falls du doch einmal den falschen Weg eingeschlagen hast, kannst du sorgfältig und nicht zu schnell wieder auf ein anderes Futter umstellen.

Bedarfsdeckend

Das ist das Zauberwort für die Ernährung des Hundeseniors: bedarfsdeckend. Selbstverständlich gilt das ein ganzes Hundeleben lang, aber in der Aufzucht und im Alter wird eine einseitige Ernährung noch schlechter kompensiert. Mangelerscheinungen können bei alten Hunden weniger leicht aufgefangen werden und haben oft langwierige Folgen. Deshalb ist es so wichtig, bei der Fütterung des alten Hundes keinerlei Kompromisse zu machen. Bedarfsdeckend heißt, dass im Hundefutter alles enthalten ist, was der Hund braucht. Einen alten Hund zum Beispiel ausschließlich mit Kausnacks zu füttern, weil es das Einzige ist, was er zu mögen scheint,

Rhodesian-Ridgeback-Hündin Lila fehlt es an nichts, sie bekommt ein variationsreiches Futter, das jeden Tag mit Liebe angerichtet wird.

Labrador-Hündin Emma wartet sehnsüchtig auf ihr Futter – ihr Gewicht muss jedoch im Blick behalten werden, weil sie sich weniger bewegt.

Bedarfsgerechtes Futter richtet sich nach Alter, Rasse, Größe und Aktivität und muss deshalb individuell abgestimmt werden.

deckt seinen Bedarf nicht. Ein Blick auf die Verpackung zeigt, dass es sich um sogenannte Ergänzungsfuttermittel handelt. Man muss in vielen Fällen etwas experimentieren, bis man ein Alleinfuttermittel gefunden hat, das der wählerische Senior gerne nimmt.

Das ist ja ein dicker Hund!

Achte unbedingt darauf, dass dein Hund nicht zu dick wird. Das belastet Gelenke, Herz und Kreislauf und begünstigt die Entstehung von Diabetes und anderen Stoffwechselerkrankungen. Falls es doch zu Übergewicht gekommen ist, lass den Senior nicht einfach hungern. Besprich mit deiner Tierärztin, welche Diät mit reduzierten Kalorien und gleichzeitig ausreichenden Nähr- und Ballaststoffen zu deinem Hund passt. Regelmäßige Bewegung im Rahmen dessen, was der Hund noch kann, hilft, das Idealgewicht wieder zu erreichen.

Ergänzungsfuttermittel

Selbstverständlich darf dein Hund leckere Snacks und andere Ergänzungsfuttermittel bekommen, aber eben nicht nur. Füttere nicht mehr, als auf der Packung angegeben, und achte darauf, dass dein Senior nicht zunimmt, weil er zu viel zwischendurch frisst. Auch sehr gesunde Nahrungsergänzungsmittel für Hunde enthalten Kalorien, die berücksichtigt werden müssen.

Alleinfuttermittel

Ohne hier eine Lanze für die Futtermittelindustrie brechen zu wollen, empfehle ich an dieser Stelle, ein hochwertiges Alleinfuttermittel (das steht auf dem Etikett des Futtersacks) zu suchen, das der betagte Hund gern frisst. Mir persönlich ist es wichtig, dass das Futter für meine Hunde nicht aus tierunwürdiger Massentierhaltung stammt. Ich setze deshalb auf hochwertiges Biofutter, das es auch für Hundesenioren gibt. Letzteres ist bezüglich der Kalorien angepasst, aber so verarbeitet, dass der Hund trotzdem keinen Hunger leiden muss. Er kann sich satt fressen und nimmt bei der für ihn passenden Futtermenge nicht zu. Apropos Massentierhaltung: Inzwischen gibt es auch positive Stimmen und wissenschaftliche Evidenz für eine vegane Ernährung des Hundes. Ich kenne einige alte Hunde, die in den letzten Jahren aufgrund von Futtermittelunverträglichkeiten erfolgreich auf veganes Futter umgestellt wurden und sich gesund und munter ihres Lebens freuen.

Trockenfutter oder Nassfutter?

Die klare Antwort ist: Beides! Die Tierärztin räumt mit dem Mythos auf, man dürfe Trocken- und Nassfutter nicht miteinander mischen. Alles darf in den Napf, was hochwertig ist und gut vertragen wird. Auf diese Weise kann man dem Senior jeden Tag eine etwas andere schmackhafte Mahlzeit zubereiten, die verschiedene Komponenten enthält. Richtet man sich nach den Mengenangaben des Herstellers, kann man eigentlich nichts falsch machen. Je nach Anzahl der Mahlzeiten am Tag teilt man den Tagesbedarf auf und mischt dann anteilig. Unterstützende Nahrungsergänzungsmittel wie zum Beispiel Grünlippmuschel-Pulver oder Pflanzenöle können so leicht untergemischt werden.

Neue Speisekarte?

Dein Hund muss nicht immer haargenau das Gleiche bekommen, du kannst variieren und gern mal Sorte, Menge, Zutaten oder Zusammensetzung ändern. Nimm dir dafür etwa eine Woche Zeit und füttere jeden Tag ein bisschen mehr vom neuen und ein bisschen weniger vom bisherigen Futter.

Umstellung auf vegane Ernährung

Bei der Umstellung auf fleischfreies Futter ist immer eine professionelle Futtermittelberatung mit einer Rationsberechnung (Ermittlung und Analyse der Menge und Inhaltsstoffe der Futtermittel, die der Hund an einem Tag bekommt) oder die Gabe eines hochwertigen veganen Alleinfuttermittels ratsam, damit es nicht zu einer Mangelernährung kommt.

Es gibt allerdings Hunde, die empfindlich auf das Aufquellen des Trockenfutters reagieren und Verdauungsprobleme bekommen. Sie zeigen vielfach durch Hochziehen des Bauchs und eine starre Haltung, dass sie Magen- oder Darmkrämpfe haben. Entweder sind starke Verdauungsgeräusche zu hören oder der Bauch ist ganz fest, und es scheint so, als wäre gar keine Aktivität mehr im Darm. Wenn du so einen Hund hast, solltest du das Trockenfutter vorher kurz einweichen oder nur Nassfutter füttern. Nassfutter wird allerdings schneller verwertet, und es kann sein, dass dein Hund schneller wieder zeigt, dass er Hunger hat. Richte dich nach den Mengenangaben des Herstellers und verteile diese beim alten Hund auf mindestens zwei Mahlzeiten am Tag.

Barfen?

Die Biologisch Artgerechte Rohfütterung ist von der Idee her eine gute Sache, und wer das Prinzip so gut beherrscht und so konsequent durchzieht, dass es seinem Hund an nichts fehlt, kann selbstverständlich auch seinen alten Hund auf diese Weise weiterfüttern. Aber eben nur dann, wenn sichergestellt ist, dass das Futter alles enthält, was der Organismus des alten Hundes benötigt. Zusätzlich gilt es, darauf zu achten, dass der Hund das angebotene Futter noch ausreichend zerkleinern kann. Zum Barfen gehört zum Beispiel meistens die Fütterung von Knochen. Je nachdem, wie leistungsfähig das Gebiss des Hundes noch ist, kann es sein, dass es nicht mehr gelingt, den Knochen so zu zerkleinern, dass er richtig verdaut wird. Zu große Stücke können den Mageneingang verschließen und damit zu bedrohlichen gesundheitlichen Problemen führen.

Selbst kochen?

Eine Freundin von mir hat immer einen großen Topf auf ihrem Herd stehen, in dem Reis, Hühnerherzen, Kräuter und andere Zutaten köcheln, die dann an die Hundemeute verfüttert werden. Von ihr weiß ich, dass sie in mühevoller Kleinarbeit und mit professioneller Beratung ein Menü zusammengestellt hat, bei dem der Bedarf ihrer sehr unterschiedlichen Hunde nicht zu kurz kommt. Leider kann das aber in den seltensten Fällen gewährleistet werden, vor allem dann, wenn der Hund vom Tisch seiner Menschen mit ernährt wird. Hinzu kommt, dass es einige Zutaten gibt, die wir Menschen gut vertragen, die für Hunde aber giftig sind.

Vorsicht – für Hunde unverträglich oder giftig:

Zwiebeln
Knoblauch
Meerrettich
Schnittlauch
Gewürznelken
Weintrauben
Muskatnuss
Schokolade
Bärlauch
Porree
Chili
Zimt

Zwischenmahlzeit oder Belohnung?

Wer durch Bewegung Kalorien verbrennt, weiß einen Snack zu schätzen, hilft er doch, die Zeit bis zur nächsten Mahlzeit zu überbrücken und wieder neue Kräfte zu sammeln. Auf längeren Hundespaziergängen habe ich deshalb immer beides im Rucksack: Einen Riegel für den Hund und einen anderen für mich. Wir machen Pause auf einem Baumstamm oder einer Waldlichtung, es gibt außerdem frisches Wasser für Hund und Mensch. Ein Kühlelement verhindert, dass die Flasche zu warm wird.

Die Tage, in denen ich selbst einen Leckerchenbeutel am Gürtel hängen hatte und meine Hunde ständig dafür belohnte, dass sie wieder zu mir zurückkamen oder etwas anderes in meinen Augen Belohnenswertes taten, sind dagegen schon lange vorbei. Von Ursula Löckenhoff (die das Vorwort zu diesem Buch geschrieben hat) mit ihrem leicht zu erlernenden Dog-Walk-Konzept und dem dazugehörigen Raumdenken und von Anne Krüger-Degener mit ihrer erfolgreichen Methode HarmoniLogie® habe ich gelernt, meine Hunde ohne Konditionierung und Leckerchen zu erziehen. So folgen sie mir auch im Alter noch freudig, gehen locker an der Leine, und ein gemeinsames Spiel, ein kleiner Run und ganz viel Zuwendung und Liebe sind Belohnung genug.

Knochen und andere Kauprodukte

Die meisten Hunde finden Markknochen und andere Kauprodukte, die meist aus Tier-

Emma bekommt einen Snack von Nele, um die Zeit bis zur nächsten Mahlzeit zu überbrücken.

haut bestehen, lecker und ziehen sich damit gern zurück, um genüsslich darauf herumzukauen. Vor allem Knochen liefern dem Hund wichtige Nährstoffe, wirken durch die Reibung der Entstehung von Zahnstein entgegen und stärken die Kiefermuskulatur. Hunde haben einen natürlichen Kautrieb, der auch im Alter nicht verloren geht. Gerade dann ist es aber besonders wichtig, auf das zu achten, was der Hund zum Kauen bekommt. Es gibt Kauartikel, die im Magen des Hundes stark quellen und dadurch Magen- und Darmprobleme verursachen können. Alternativ kann getrocknetes Brot in kleineren Mengen zum Knabbern gegeben werden. Manche Hunde mögen auch Möhren oder lieben ihre vegetarische Kauwurzel, die unter anderem aus den Wurzeln der Baumheide oder des Olivenbaums hergestellt wird.

Wie viele Mahlzeiten am Tag?

Ich halte nichts davon, Hunde über längere Zeit hungern zu lassen, und füttere deshalb auch bei jüngeren Hunden mindestens zwei Mahlzeiten am Tag. Bei den Hundesenioren, die nur kleine Mengen zu sich nehmen, gehe ich auf drei Mahlzeiten am Tag und füttere noch zweimal Snacks zwischendurch.

Eine Ruhezeit von etwa zwei Stunden nach der Fütterung ist wichtig, damit der Hund das Futter gut verdauen kann. Aktivität nach der Fütterung kann eine gefürchtete Magendrehung verursachen, deshalb bitte nach dem Fressen auch keine Spiele oder Übungen mit dem Hund machen. Auch Stress und das Herunterschlingen von Futter und Trockenfutter mit hohem Quellvolumen, kann Magen- und Darmprobleme begünstigen.

Heißhungerattacken?

Du hast das Gefühl, dein Hund hat immer noch Hunger, obwohl er die passende Futtermenge schon zu sich genommen hat? Dann kannst du das Volumen noch etwas strecken, indem du Bohnen, Erbsen oder Möhren aus der Dose unter das Futter mischst. Lasse aber sicherheitshalber bei immer wiederkehrenden Heißhungerattacken ein Blutbild machen, denn auch Hunde können Blutzuckerschwankungen haben oder sogar an Diabetes erkranken.

Frisches Wasser und andere gesunde Drinks

Die Gabe von frischem Wasser ist selbstverständlich und der Trinknapf sollte für den Hund immer leicht erreichbar sein. Mit frisch ist wirklich frisch gemeint, denn auch wenn Hunde draußen gern mal aus Pfützen trinken, sollte die hauptsächliche Flüssigkeitszufuhr sauber und gesund sein. Das Wasserschälchen muss täglich gereinigt werden, da stehendes Wasser die Entwicklung von Bakterien begünstigt, die sich an der Innenseite des Napfes absetzen. Auch die gefürchteten Giardien (Dünndarm-Parasiten) können über verschmutztes Wasser aufgenommen werden.

Die Trinkwasserqualität spielt für die Gesundheit des alten Hundes eine nicht unerhebliche Rolle. Erkundige dich deshalb bei deinem Wasserversorger, ob das Trinkwasser in deiner Region bedenkenlos von Mensch und Tier getrunken werden kann. Ein hoher Kalkwert schadet dem Hund nicht, grenzwertige Nitratwerte und andere Rückstände sind jedoch bedenklich. Alternativ kannst du deinen Hund mit stillem Mineralwasser versorgen.

Flüssigkeitsbedarf

Je nach Temperatur, Bewegung und Futter variiert die Wasseraufnahme. Da Trockenfutter quillt, braucht der Hund mehr Wasser, um es verdauen zu können, als bei Nassfutter, das einen eigenen Wasseranteil hat. Nimm auf Spaziergänge und andere Ausflüge mit deinem Senior immer etwas Wasser mit, vor allem bei hohen Außentemperaturen oder trockener Heizungsluft. Einen faltbaren Napf oder eine spezielle Flasche mit Trinkvorrichtung sollten Hundebesitzer immer dabei haben, wenn sie mit ihren Hunden unterwegs sind.

Beobachte das Trinkverhalten deines Hundes und notiere seine Trinkmengen über einen bestimmten Zeitraum, wenn du das Gefühl hast, dass er zu wenig oder zu viel trinkt. Beides kann darauf hinweisen, dass bei deinem Hund gesundheitlich etwas nicht stimmt. Im Kapitel über Alterskrankheiten gehe ich näher darauf ein.

Andere flüssige Nahrungsangebote

Neben dem selbstverständlichen Angebot von frischem Wasser kannst du den Speiseplan deines Hundeseniors auch durch andere Angebote erweitern. Flüssige Nah-

Immer am gleichen Platz

Vor allem für alte Hunde ist es wichtig, dass der Wassernapf immer am gleichen Platz zu finden ist, damit sie jederzeit darauf zugreifen können und nicht suchen müssen. Gibt es zwischen Liegeplatz und Wassernapf geschlossene Türen, bitte zwei Wasserstellen anbieten, es sei denn, der Hund öffnet selbstständig die Tür.

Frisches Wasser muss zu Hause und unterwegs immer zur Verfügung stehen.

Suppe hilft empfindlichen oder kranken Hunden, wieder zu Kräften zu kommen.

rungsmittel können leicht aufgenommen werden und ermöglichen es, geschwächten oder kranken Hunden wichtige Nährstoffe zuzuführen, damit sie schnell wieder zu Kräften kommen und gesund werden.

Ältere Hunde mit einem empfindlichen Magen und Darm profitieren von einem flüssigen Start am Morgen, bis der Organismus so fit ist, dass auch feste Nahrung schmeckt und gut verdaut werden kann. Hat der Hund Übergewicht, kann flüssige Nahrung ihm helfen, hungrige Phasen gut zu überwinden. Bei starkem Übergewicht sollte der Tierarzt den Diätplan mitgestalten. So kann eine Belastung des älteren Organismus vermieden und der tägliche Bedarf sicher ermittelt werden.

So viel Wasser braucht dein Hund

Wiege deinen Hund und rechne pro Kilo 40–100 Milliliter Flüssigkeitsbedarf am Tag.

Suppenküche für Hunde

Bestimmt kennst du auch den Tipp mit der kräftigen Hühnerbrühe für Menschen, wenn man nach einer Erkrankung wieder auf die Beine kommen muss, oder? Vegetarier schwören auf eine kräftige Gemüsebrühe, die wärmt, stärkt und einen empfindlichen Magen schont. Ganz besonders für ältere Hunde hat sich die regelmäßige Suppenküche bewährt. Den meisten Hunden schmeckt eine Brühe, die aus Knochen gekocht wurde, oder eine Möhrensuppe mit Kokosöl und Kurkuma richtig gut. Man kann sie selbst kochen oder fertig kaufen, darf aber in keinem Fall auf Produkte für Menschen zurückgreifen, denn diese sind für Hunde viel zu salzhaltig.

Ziegenmilch

Zusätzlich kann der Bedarf des Hundes an Flüssigkeit über andere nährstoffreiche Angebote gedeckt werden. Ziegenmilch ist zum Beispiel eine natürliche und wertvolle Quelle an Vitaminen, Mineralstoffen und Spurenelementen und enthält für die meisten Hunde leicht verwertbares Eiweiß. Alte Hunde mit einem empfindlichen Magen können mit etwas Ziegenmilch besonders entspannt in den Tag starten und erst dann anderes Futter zu sich nehmen. Die Ziegenmilch sollte Zimmertemperatur haben; es reicht, wenn man sie morgens als Erstes aus dem Kühlschrank holt und sie nach etwa einer Stunde an den Hund verfüttert.

Flüssignahrung für kranke Hunde

Verschiedene Anbieter haben Flüssigkost für Hunde entwickelt, die aufgrund von Krankheit untergewichtig sind oder aus anderen Gründen eine Zeit lang zusätzliche Kalorien und Nährstoffe benötigen, die sie schnell und unkompliziert zu sich nehmen können. Nach Operationen (vor allem, wenn die Zähne des Hundes saniert wurden) bietet der Tierarzt oft Flüssigpräparate an, die als Aufbaukost dienen. Das ist vor allem dann hilfreich, wenn der Hund von sich aus noch gar nicht richtig fressen will. Stark geschwächte Tiere, Hunde mit Schluckbeschwerden und vierbeinige Senioren mit Durchfall können so auch über einen längeren Zeitraum mit Nährstoffen versorgt werden. Es ist ebenfalls möglich, dem Hund die Nahrung mit einer Spritze ohne Nadel vorsichtig einzuflößen.

Unterstützende Nahrungsergänzung für ältere Hunde

Mit sinnvollen Nahrungsergänzungsmitteln kann man Hunde ihr ganzes Leben lang unterstützen. In jeder Lebensphase sind die Schwerpunkte etwas anders, sodass man immer wieder neu entdecken kann, was der Hund gerade besonders braucht. Hier konzentriere ich mich auf die Bedürfnisse des Hundeseniors, dem ich in Absprache mit der

Foto © Janine Hegendorf

Senior Lennox bekommt täglich eine Mischung gesunder Öle, die auf die Bedürfnisse von Hunden abgestimmt ist.

Kräuter können als Nahrungsergänzung eingesetzt werden, füttere aber nichts, was du nicht kennst.

Bitte nicht mit deinem Hund teilen!

Du nimmst auch Nahrungsergänzungsmittel für deine Gesundheit und entdeckst Gemeinsamkeiten? Lass dich trotzdem nicht dazu hinreißen, deinem Hund die Mittel zu geben, die für Menschen gemacht sind. Oft enthalten diese nämlich zusätzliche Stoffe, die für uns Menschen gesund, für Hunde jedoch unverträglich oder gar giftig sein können. Verwende deshalb nur speziell für Hunde hergestellte Präparate.

Tierärztin das gebe, was sein alternder Organismus braucht. Bei einer ganzheitlichen Sichtweise dienen die Mittel letztendlich immer der Gesamtkonstitution, Anlass für die Gabe ist in den meisten Fällen die Stärkung eines bestimmten Gesundheitsbereichs. Im Folgenden habe ich die verschiedenen Bereiche aufgeführt. Ich nenne Beispiele für unterstützende Präparate, empfehle aber immer, im individuellen Fall mit der Tierärztin abzusprechen, was der Hund benötigt.

Nahrungsergänzungsmittel für Hunde entfalten ihre Wirkung immer erst über einen längeren Zeitraum und erfordern eine konsequente Fütterung. Meist haben die natürlichen Produkte keine Nebenwirkungen, beobachte deinen Hund trotzdem sehr genau, denn es kann sein, dass er doch einmal mit Übelkeit oder Hautausschlag reagiert.

Übrigens wird auch die Anwendung unterstützender Nahrungsergänzung für Hunde oftmals heiß diskutiert. Ich diskutiere nicht mit, sondern wende das an, womit ich bei meinen Hunden positive Erfahrungen gemacht habe. Ich weiß um die Kraft der Kräuter und setze sie zusammen mit anderen natürlichen Mitteln ein. Die Gabe dient der Gesunderhaltung des Hundes, ersetzt aber keine notwendige Behandlung.

Für alle Nahrungsergänzungsmittel gilt: Bitte nicht wild durcheinanderfüttern, sondern so zusammenstellen, dass immer ein Bereich von einem Mittel Unterstützung bekommt. Wie bei allen pflanzlichen Mitteln sollte im Laufe von Wochen oder Monaten abgewechselt werden, um dem Organismus immer wieder neue unterstützende Reize zu geben und eine Gewöhnung zu vermeiden. So kann man zum Beispiel die Gabe von Grünlippmuschel, Teufelskralle und Weidenrinde nacheinander abwechseln, weil allen drei Mitteln der gleiche Effekt zugeschrieben wird.

Was kann ich für meinen Hund verwenden?

Im Folgenden habe ich bewährte Mittel aufgelistet und die ihnen zugeschriebene Wirkung zusammengefasst. Es gibt sie alle in einer Form und Zusammenstellung speziell für Hunde und sie sind in hochwertiger Qualität leicht zu bekommen. Im Anhang findest einige Empfehlungen für Produkte, mit denen ich gute Erfahrungen gemacht habe.

Pflanzenöle

Pflanzenöle liefern essenzielle Fettsäuren (solche, die der Körper nicht selbst herstellen kann) und sind deshalb ein wichtiger Pfeiler in der Hundeernährung. Kaltgepresste Öle sind die hochwertigsten. Ich greife hier gern auf Kombinationsprodukte zurück, die für Hunde entwickelt wurden. Sie enthalten mehrere hochwertige Öle (zum Beispiel eine Komposition aus Leinöl, Hanföl, Mariendistelöl, Borretschsamenöl und Schwarzkümmelöl) und sind biozertifiziert. Damit kann der Hund die wichtigen Omega-3- und Omega-6-Fettsäuren aufnehmen. Diese unterstützen die Gesundheit der Haut, helfen, ein kräftiges, glänzendes Fell zu entwickeln und sind ein wichtiger Bestandteil in der Vorbeugung von Hautproblemen.

Du kannst deinem Hund auch Walnussöl oder Rapsöl aus deiner Küche über das Futter geben, achte aber darauf, dass du nicht mehr als etwa einen Teelöffel pro 10 Kilo Körpergewicht fütterst. Lachsöl lieben manche Hunde besonders wegen des Fischgeruchs; es ist ebenfalls gut geeignet, den Hund mit essenziellen Fettsäuren und anderen wichtigen Nährstoffen zu versorgen. Auch Kokosöl in kleinen Mengen übers Futter (nicht zu viel, denn es enthält hauptsächlich gesättigte Fettsäuren) kann die Fellqualität verbessern und ist aufgrund des hohen Gehalts an Laurinsäure förderlich für die Darmgesundheit.

Im Laufe des Jahres gebe ich meinen Hunden kleine Mengen (etwa einen Teelöffel pro Tag) frische und getrocknete Kräuter übers Futter, die helfen sollen, ihre Gesamtkonstitution zu unterstützen. Dabei kommen für die Senioren vor allem Hagebuttenpulver, getrocknete und zerkleinerte Weißdornblätter, Brennnesselsamen und -blätter sowie Schafgarbenblüten und Löwenzahnblätter in den Napf. Bei Magen- und Darmproblemen oder nach einer Wurmkur sind im Mörser zerstoßene Fenchelsamen mit dabei. Ich habe den Vorteil, in unserem Garten sammeln zu

Überdosierung vermeiden

Viel hilft viel trifft bei Nahrungsergänzungsmitteln nicht zu. Im Gegenteil. Eine Überdosierung kann bei Hund und Mensch Unverträglichkeiten und unangenehme Nebenwirkungen verursachen. Halte dich deshalb immer an die Angaben des Herstellers oder besprich die individuelle Dosierung für deinen Hund mit deiner Tierärztin.

Diese Öle auf keinen Fall verwenden!

- *Sonnenblumenöl, Distelöl, Maiskeimöl stehen laut aktueller Studien im Verdacht, das Wachstum von Tumorzellen zu begünstigen.*
- *Erdnussöl kann allergische Reaktionen und sogar Epilepsie auslösen.*
- *Teebaumöl und Nelkenöl sind giftig für Hunde und sollten weder innerlich noch äußerlich angewandt werden.*

können. Hier weiß ich sicher, dass nicht gespritzt wird und dass die Wildkräuter weder Autoabgasen noch anderen schädlichen Einflüssen ausgesetzt sind. Ich ernte und trockne übers Jahr, sodass ich die Kräuter einzeln zur Verfügung habe und nach Bedarf kombinieren kann. Die selbst hergestellte Mischung füttere ich jeweils vier Wochen lang und mache dann mindestens zwei Wochen Pause. Die Kräutergabe wird immer mit Pflanzenölen ergänzt; diese helfen dem Körper dabei, die Pflanzenstoffe besser aufzunehmen.

Bitte gib deinem Hund nichts, was du nicht kennst, und greife im Zweifelsfall lieber auf hochwertige Kräutermischungen für Hunde zurück, die von Experten zusammengestellt wurden.

Grünlippmuschel: Das Pulver der grünlich blauen Miesmuschelart, die ursprünglich aus Neuseeland kommt, kann durch wertvolle Inhaltsstoffe die Bildung neuer Knorpelmasse anregen und damit die Gesunderhaltung der Gelenke fördern.

Teufelskralle: Diese Heilpflanze wächst vor allem in Südafrika. Sie soll eine entzündungshemmende und schmerzlindernde Wirkung haben. Das meist in Pulverform angebotene pflanzliche Mittel kann die Beweglichkeit der Muskulatur fördern und die Gelenkfunktion unterstützen.

Weidenrinde ist in unseren Breitengraden zu finden. Das pulverisierte Mittel kann eine ebenfalls entzündungshemmende und schmerzlindernde Wirkung haben und sich positiv auf die Beweglichkeit auswirken.

Weihrauchpulver wird aus dem Harz des Weihrauchbaums gewonnen und vorwiegend bei Arthrose (Schädigung des Gelenkknorpels) angewandt. Es kann die natürliche Gelenkfunktion unterstützen und ist bei Hauterkrankungen ein gut verträgliches Mittel.

Foto © Jil Ziegner

Australian Sheperd Joker ist dank bester Ernährung mit seinen 10 Jahren noch topfit.

Kurkuma wird aus der Wurzelknolle der indischen Gelbwurzpflanze gewonnen. Es ist bekannt für seine entzündungshemmende Wirkung, die sich auch Menschen gerne zunutze machen. Kurkuma soll außerdem die Verdauung fördern und die Leber entgiften.

MSM (Methylsulfonylmethan) Schwefel: Diese organische Schwefelverbindung ist schon im Organismus von Hunden, Menschen und anderen Lebewesen vorhanden und findet sich vor allem in den Gelenken, der Haut, dem Fell und den Krallen. Die Konzentration dieses hilfreichen Elements nimmt im Alter ab, deshalb kann eine zusätzliche Gabe zur Verbesserung des Allgemeinbefindens beitragen. Das Pulver soll unter anderem Schmerzen lindern, entzündungshemmend und stärkend wirken und den Körper bei der Bekämpfung von Darmparasiten unterstützen.

Heilerde ist eine keimfreie Löß- oder Moorerde, die viele lebenswichtige Mineralstoffe und Spurenelemente aus natürlicher Quelle enthält. Sie kann innerlich bei Magen- und Darmbeschwerden des Hundes unterstützen und äußerlich bei Gelenkproblemen oder Verletzungen angewandt werden.

Story

Foto © Pablo Diaz für LILA LOVES IT

Ein Hund als Firmenchefin? Das gibt es tatsächlich! Die Rhodesian-Ridgeback-Hündin Lila brauchte die Karriereleiter gar nicht nach oben zu klettern, als sie zusammen mit ihrer zweibeinigen Freundin Stefanie Diem ihre Manufaktur für hochwertige Hundeprodukte eröffnete. Sie stieg gleich als Seniorchefin mit ein.

Die Seniorchefin

Wer das Firmengebäude der LILA LOVES IT Manufaktur am oberbayerischen Ammersee besucht, wird von einem fröhlichen Hunderudel empfangen. Penny, Ella, Filou und Noëlle stehen schwanzwedelnd an der Tür und geben Laut. Ein paar Schritte dahinter steht in perfekter Souveränität die Namensgeberin des Unternehmens, die „Seniorchefin“: Lila. Es ist ihre Ridgeback-Silhouette, die seit mehr als zehn Jahren das Logo der bekannten Tierpflege- und Futtermarke schmückt. Und Lila scheint das zu wissen, wenn sie sich erhebt und Gäste mit einem klaren Blick aus ihrem inzwischen silbern ergrauten Gesicht anschaut.

Lilas Führungsstil könnte man als „Managing by walking around“ bezeichnen. Sie ist wirklich allgegenwärtig und man spürt ihre Präsenz im gesamten Unternehmen. „Wir glauben, dass Lila schon als Welpe verstanden hat, was wir sagten. Und auch jetzt im Alter scheint sie immer genau zu wissen, was Sache ist“, so Stefanie Diem. Und kein Zweifel: Lila hat nicht nur das bunte Unternehmensrudel im Griff. Auch wenn es unter den Menschen emotional wird, kommt sie und beruhigt, schafft Ruhe und Besonnenheit. Das kann sie mit zunehmendem Alter immer noch besser, doch grundsätzlich ist das ein Charakterzug, der Lila schon immer auszeichnet. Mit ihren bald zwölf Jahren ist Lila für einen Ridgeback im gehobenen Alter. Dabei ist sie rundum gesund. „Bestes Futter, konsequente Pflege und viel Liebe“ ist das Rezept von Stefanie Diem und ihrem Mann, damit es Lila noch lange gut geht. Und klar, ärztliche Kontrolle ist wichtig. Nicht anders als beim Menschen ist ein frühzeitiges und konsequentes Handeln im Falle von Erkrankungen oder Zipperlein ganz wichtig. „Wer früh handelt, kann oft sanft handeln“, sagt Stefanie Diem.

Zwischenzeitlich kommt Lila majestätisch angelaufen und stupst mit dem Kopf an Stefanie Diems Hand. Zeit für ein Leckerli. „Lila ist sanft, aber sie kann auch sehr durch-

Hündin Lila und Stefanie Diem bei der täglichen Konferenz in ihrem gemeinsamen Unternehmen.

Unser Tipp:

„Immer mal wieder mit dem Hund alleine etwas unternehmen, sodass alles seinen Bedürfnissen angepasst werden kann."

setzungsfähig sein. Unser gesamtes Team weiß genau, wann es Zeit für einen Snack ist oder Aufmerksamkeit gebraucht wird", so Stefanie Diem. „Im Alter ist zur sanften Klarheit noch so etwas wie Weisheit dazugekommen und eben diese Souveränität, die ganz selten ist. Wir hatten hier einmal zwei Rüden, die sich nicht grün waren. Lila ist aufgestanden und hat sich schlicht zwischen die beiden gestellt. Kein Ton, kein Grummeln, einfach nur Körpersprache. Die beiden Rüpel haben sofort aufgehört, sich anzuknurren", erzählt die Unternehmerin mit Stolz. „Erst vor ein paar Tagen kommt sie an und zeigt, dass sie in den Garten will. Dort war sie gerade, also sage ich Nein. Doch sie war nicht davon abzubringen, uns immer wieder auf den Garten hinzuweisen. Und sie hatte recht. Unsere Ella war noch im Garten – und da muss man aufpassen, Ella hüpft gelegentlich noch über den Zaun. Lila hat das genau im Blick. Unsere dritte Hündin, Penny, hat sie auch noch selbst erzogen. Eine Freude, dieser Entwicklung zuzusehen. Bei Ella kommt sie eher zu mir und meinem Mann und macht klar: „Kümmert euch mal, die Kleine ist in der Küche und will Käse klauen."

Alle Hunde im Firmenrudel haben ihre Rolle und Funktion; Penny ist die Wächterin, Filou im Büro ist der kleine Charmeur und Lila ist eben der Ruhepol, die Seniorchefin. Und klar hat Lila auch das größte Bett am besten Platz im Unternehmen, direkt hinter dem Schreibtisch von Stefanie Diem. „So hat sie alles im Blick und, ganz klar, das gibt auch mir ein sehr gutes Gefühl."

Gelegentlich aber, so wird deutlich, wird Lila das Wilde im Alltag inzwischen zu viel. Dann zieht sie sich in ihr Tipi zurück, ruht und schläft. Letztes Jahr war Stefanie Diem dann mit Lila eine Woche allein in den Bergen. Das hat beiden gutgetan und so wollen sie das auch künftig wiederholen. „Ich weiß ja nicht, wie lange wir Lila noch haben. Da zählt jeder Tag, den wir uns schön machen können. Eine Mädchenwoche ist ideal. Gerade ältere Hunde brauchen Phasen der Erholung, das Gefühl, gesehen zu werden. Raus aus dem Alltag, rein in die Gelassenheit. Und das ist es, was man von Lila wie von niemand anderem lernen kann: gelassen bleiben.

Und gibt es Angst vor einem Abschied? „Ja und nein", antwortet Stefanie Diem spontan. „Klar will ich mir nicht vorstellen, wie es ohne Lila wäre. Aber das Wichtigste ist, dass es ihr gut geht und sie ein schönes Hundeleben hat. Jeder Tag mit ihr ist ein Geschenk. Von Lila an uns. Nie war Verantwortung schöner."

IN GUTEN WIE IN SCHLECHTEN ZEITEN: Altersbeschwerden, Krankheiten und wie man damit umgehen kann

Hunde werden im Alter nicht zwangsläufig krank. Trotzdem haben sie mehr oder weniger starke Alterserscheinungen, die zu Krankheiten führen können, wenn man nicht rechtzeitig eingreift. Ein alternder Organismus bringt außerdem in vielen Bereichen Verschleiß und eine Abnahme der Leistungsfähigkeit mit sich. Bewegungsapparat, Zähne, Herz und Verdauungssystem sind davon häufig betroffen, können aber mithilfe optimaler Ernährung und Pflege unterstützt und so gesund wie möglich gehalten werden. In diesem Kapitel erfährst du, wie du deinen Senior im Alter am besten pflegen und wie du Alterskrankheiten vorbeugen kannst. Du bekommst Tipps von der Tierärztin und entdeckst, was du tun kannst, damit es deinem Hund trotz seines fortschreitenden Alters richtig gut geht.

Tipps von der Tierärztin

Als praktische Tierärztin vertritt Dr. Gundula Gloßner die sanfte Tiermedizin. Bei der Suche nach Krankheitsursachen betrachtet sie den vierbeinigen Patienten immer ganzheitlich und setzt darauf, die Selbstheilungskräfte zu aktivieren. Eine wichtige Basis ist dabei die passende Ernährung. Behandlungsmethoden wie Physiotherapie, Osteopathie, Homöopathie und Akupunktur setzt die Expertin unterstützend ein. Für die Besitzer alter Hunde hat sie hilfreiche Gesundheitstipps zusammengestellt, damit die Oldies optimal versorgt sind.

Jährliches Update: Lasse in der Tierarztpraxis mindestens einmal im Jahr ein Blutbild erstellen und deinen Hund mit Ultraschall untersuchen. So kannst du mithilfe deiner Tierärztin zeitnah auf gesundheitliche Probleme des Seniors reagieren und Schwachstellen im Auge behalten. Bei der Gelegenheit kann auch das Gebiss des Hundes überprüft werden.

Künstliche Fingernägel für Hunde: Alte Hunde schleifen manchmal so mit ihren Pfoten über den Boden, dass sich die Krallen zu stark abnutzen. Dadurch wird der durchblutete Teil möglicherweise beschädigt und kann Schmerzen verursachen. Abhilfe schaffen Krallenkappen, die man selbst aufkleben kann. Das von einem Tierarzt entwickelte Produkt findest du im Anhang dieses Buches.

Wenn du merkst, dass es deinem alten Hund nicht gut geht, dann tue alles dafür, dass ihm schnell geholfen wird.

Foto © Janine Hegendorf

Gib nicht zu schnell auf!

Kein Tag ist wie der andere und was heute noch selbstverständlich war, geht morgen plötzlich nicht mehr. Damit wird der Alltag mit einem Hundesenior manchmal zur emotionalen Achterbahn. Erstaunlicherweise regenerieren sich die alten Herrschaften häufig wieder, obwohl es abwärtszugehen schien. Bleibe deshalb zuversichtlich, wenn du merkst, dass dein Hund heute nicht so gut drauf ist. Finde heraus, wie du deinen Hund optimal unterstützen kannst, ohne ihm alles abzunehmen. Unser Senior ist zum Beispiel morgens etwas wackelig auf den Beinen. Wir tragen ihn deshalb die große Treppe hinunter, haben aber festgestellt, dass er sie an aktiven und guten Tagen mit Begleitung und rettenden Händen als Back-up selbstständig hochlaufen kann. Es dauert, aber es geht, und ich habe sogar das Gefühl, dass er ein bisschen stolz ist, wenn er es wieder einmal geschafft hat. Voraussetzung ist, das Wohlbefinden des Tiers immer im Blick zu behalten und ihm nichts zuzumuten, was wirklich nicht mehr geht.

Foto © ARAG SE

Wer rastet, der rostet: Regelmäßige Bewegung bringt auch Gelenke wieder in Schwung, die bereits von Arthrose (Gelenkverschleiß) betroffen sind. Wichtig ist es, die Hunde zur Bewegung zu animieren, sie aber nicht zu überlasten.

Training hält fit: Auch für Hunde gibt es Physiotherapie und Osteopathie. Im professionellen Training wird der Senior unterstützt und er kann sogar wieder Muskulatur aufbauen. Unterwasserlauf ist für Hunde, die das mögen, ein empfehlenswertes Training. Der Therapeut hilft dir außerdem, die Konstitution deines Hundes richtig einzuschätzen.

Wie du ihn bettest, so liegt er: Falls dein alter Hund noch keins hat: Gönne ihm ein orthopädisches Hundebett, auf dem er angenehm liegen und sich entspannt ausruhen kann. Liegeschwielen wird mit einer entsprechenden Matratze ebenfalls vorgebeugt.

Tatkräftige Unterstützung: Dein Hund hat Mühe aufzustehen oder fällt beim Spazierengehen manchmal hin, weil seine Muskelkraft nachgelassen hat? Dann hilft vor allem bei größeren und schwereren Hunden ein Tragegeschirr mit einer Schlaufe auf dem Rücken. Damit kannst du deinem Hund leicht wieder auf die Beine helfen.

Hilf deinem Hund aus der Jacke! Manche Hunde haben im Alter Probleme mit dem Fellwechsel. Durch tägliche Fellpflege hilfst du ihm, seinen Winterpelz leichter abzulegen. Außerdem beugst du Verfilzen vor. Sollte es doch einmal passieren, kannst du den Senior in einem Hundesalon professionell entfilzen lassen.

Tierärztin Dr. Gundula Gloßner steht für eine ganzheitliche Behandlung im Sinne der sanften Tiermedizin.

Mit Haut und Haar: Das Fell alter Hunde wird manchmal stumpf und die Haut darunter schuppt. Dann wird es Zeit, ihn mit Omega-6-Fettsäuren zu versorgen, die sich positiv auf seine Knochen-, Haut- und Haargesundheit auswirken. Es gibt auch ein hautverbesserndes Spot-on, das in den Nacken des Hundes gegeben wird.

Wichtige Basics zur Gesundheitsvorsorge

Es gibt sehr viel, was wir tun können, damit es unseren Hunden gesundheitlich gut geht. Im Folgenden gehe ich auf die wichtigsten Themen ein, die Teil der Vorsorge sein sollten. Grundsätzlich geht man dabei genauso vor wie bei jüngeren Hunden, zusätzlich sind aber bei alten Hunden bestimmte Aspekte zu beachten, bei denen man besondere Rücksicht auf den alternden Organismus des Tiers nimmt.

Impfung

Die meisten Hundebesitzer lassen ihren Hund selbstverständlich gegen bestimmte Krankheiten impfen, die hochansteckend sind und in den meisten Fällen zum Tod führen können. Hunde jeden Alters können mit Nebenwirkungen auf eine Impfung reagieren, ältere Hunde stecken diese aber weniger gut weg. Deshalb ist es bei Impfungen besonders wichtig, den Hund aufmerksam zu beobachten und ihn bei ungewöhnlichen Reaktionen sofort dem Tierarzt vorzustellen. Weil eine Impfung eine immense Belastung für den Organismus des älteren Tiers bedeuten kann, braucht der Hund am Tag der Impfung und gern auch noch etwas länger Ruhe. Anstrengung und Aufregung muss vermieden werden, leichte Kost und viel Schlaf helfen.

Man unterscheidet zwischen Core-Komponenten (Pflichtimpfstoffe) und Non-Core-Komponenten (Wahlimpfstoffe). Besprich mit deinem Tierarzt, ob dein Hund bestimmten Gefährdungen ausgesetzt ist, zum Beispiel dann, wenn er regelmäßig in einer Tierpension ist oder von einem Dog-Walker zum Rudelspaziergang abgeholt wird. In dem Fall muss man sich überlegen, ob Impfungen aus dem Bereich der Non-Core-Komponenten weggelassen werden können oder nicht.

Es gibt auch Situationen, in denen sich Hundehalter und Tierarzt gegen eine Impfung entscheiden, weil der Hundesenior stark geschwächt und vielleicht auch schwer erkrankt ist. Die Entscheidung muss immer individuell getroffen werden, denn sie ist abhängig davon, wie der Hund lebt. Ist er wenig oder gar nicht in Kontakt mit fremden Hunden? Trinkt er unterwegs aus Pfützen oder fängt er Mäuse? Je nachdem, wie viel der Senior noch unterwegs ist, muss das geringere Risiko gewählt werden.

> **_Die Tierärztin empfiehlt_**
>
> *„Gerade bei alten Hunden sollte darauf geachtet werden, dass die Impfintervalle des Impfstoffherstellers ausgeschöpft werden, damit der Hund nicht unnötig mit einer Impfung belastet wird."*

Wurmkur

Darmparasiten sind ungebetene Gäste im Hundedarm, die zu Durchfall und anderen Erkrankungen führen können. Auch Menschen können über den Hund von den Parasiten befallen werden. Wurmkuren in Pasten- oder Pillenform töten die Würmer ab und sie werden dann ausgeschieden. Nicht alle Hunde vertragen Wurmkuren gleich gut; eine gleichzeitige Pflege des Darms mit speziell dafür vorgesehenen Präparaten, die unter anderem Flohsamenschalen und Fenchel enthalten, kann nicht schaden.

Da Wurmkuren nicht präventiv wirken, sondern nur bei tatsächlichem Befall eingesetzt werden sollten, ist es vor allem bei alten Hunden besonders sinnvoll, etwa viermal im Jahr einen Test durchzuführen. Der Kot wird auf Darmparasiten hin untersucht. Eine Analyse zeigt, ob und welche Parasiten vorliegen, und kann damit auch helfen, die geeignete Wurmkur zu finden. Du bekommst so einen Test über deine Tierarztpraxis, kannst ihn aber auch frei kaufen. Der Einsatz lohnt sich, denn mit jeder Wurmkur, die du deinem alten Hund ersparst, wird der Darm geschont.

Ektoparasiten

Zecken, Milben und Flöhe sind nur einige der Schmarotzer, die den Hund gern als Wirt benutzen und ihm damit schaden können. Genau wie bei der Wurmkur sollte die Anwendung von chemischen Produkten auf das Nötigste beschränkt werden. Je nach Jahreszeit, Felldichte des Hundes und Befall in der Umgebung kann man unterschiedlich mit der Prophylaxe umgehen. Im Sommer und Herbst ist die Gefahr wegen der höheren Temperaturen größer, und in manchen Waldgebieten gibt es vermehrt Zecken, vor denen wegen möglicher Übertragung der Borreliose gewarnt wird.

Die Tierärztin empfiehlt die vorsorgliche Behandlung mit Präparaten, die entweder im Nacken des Tiers auf die Haut aufgebracht werden, als Halsband oder in Tablettenform angeboten werden. Sie schützen eine Zeit lang vor dem Befall mit Ektoparasiten. Besprich mit deiner Tierärztin mögliche Nebenwirkungen und wähle das passende Mittel in einer entsprechenden Anwendungsform.

Untersuche deinen Hund nach jedem Spaziergang und entferne Zecken mit einer dafür vorgesehenen Zange, einer Pinzette oder mit den Fingern.

So bringst du den Darm deines Hundes ins Gleichgewicht

Schau gleich mal im Kapitel zum Thema Ernährung, da findest du wertvolle Tipps für natürliche Nahrungsergänzungen, die die Darmflora stärken und damit das Immunsystem unterstützen. Kurkuma, Heilerde und Fenchelsamen können hier gute Dienste leisten. Es gibt auch hochwertige Fertigmischungen, die du deinem Hund übers Futter geben kannst, nachdem er eine Wurmkur bekommen hat.

Pflanzliche Mittel gegen Ektoparasiten

Es gibt einige pflanzliche Präparate auf dem Markt, und in Foren findet man hin und wieder den Tipp, den Hund mit Nelken- oder Teebaumöl vor Zecken zu schützen. Das ist genauso wenig empfehlenswert wie die Gabe von Knoblauch oder Zwiebeln, da alle Optionen Stoffe enthalten, die für Hunde giftig sind. Ich habe selbst eine Mischung auf der Basis von Kokosöl hergestellt, bei der Lavendelöl und Citronella (aus Zitronengras) zum Einsatz kommen. Alle Bestandteile dieses Öls sind für Hunde unbedenklich und machen Haut und Fell uninteressanter für Zecken.

Pflanzliche Mittel lassen sich leicht selbst herstellen, man sollte aber immer einen Experten um Rat fragen.

Blutuntersuchung

Für den alten Hund alles zu tun, was notwendig ist, damit er gesund bleibt, sollte selbstverständlich sein. Um ihn gezielt mit dem versorgen zu können, was er braucht, ist eine Blutuntersuchung empfehlenswert. Das sogenannte Blutbild (das Ergebnis der Blutuntersuchung mit allen Werten) gibt Auskunft über die Organfunktionen von Leber und Niere. Außerdem kann das Blutbild einen Hinweis auf entzündliche Prozesse geben, die dann weiter untersucht werden. Falls es auffällige Werte gibt, die eine Therapie erforderlich machen, sollte die Blutuntersuchung halbjährlich erfolgen.

Ultraschall

Mithilfe einer Ultraschalluntersuchung können zum Beispiel Tumoren und andere Erkrankungen frühzeitig erkannt und, falls erforderlich, näher untersucht werden. Die Untersuchung ist für den Hund völlig schmerzfrei und im Gegensatz zum Röntgen gibt es auch keine Strahlung, die das Tier belasten könnte. Ich halte zwar bei jeder Ultraschalluntersuchung meiner alten Hunde immer kurz den Atem an und hoffe inständig, dass nichts Auffälliges zu entdecken ist, weiß aber auch aus Erfahrung, dass die frühzeitige Diagnostik eines raumfordernden Prozesses dazu führen kann, dass mein Hund nach erfolgreicher Behandlung noch viele Jahre gesund und munter leben kann.

Die Notfallapotheke

Wir hoffen alle, dass der Notfall nicht eintritt, aber es kann immer sein, dass zu Hause oder unterwegs etwas Unvorhergesehenes passiert und dein Hund deine sofortige Hilfe braucht. Alte Hunde, die körperlich weniger fit oder vielleicht sogar krank sind, brauchen besonders schnelle Hilfe. Sie haben weniger Kraft, länger durchzuhalten, bis jemand

Foto © Pablo Diaz für LILA LOVES IT

Für unterwegs: Wichtige Utensilien aus der Notfallapotheke in der wasserdichten Dose.

Tipps für die Basis-Notfallapotheke

- *Wunddesinfektion*
- *Wundkompresse*
- *Verbandmull*
- *Selbsthaftendes Fixiertape für Verbandmull*
- *Heftpflaster*
- *Pinzette*
- *Zeckenentferner*
- *Einmalhandschuhe*
- *Fieberthermometer*

zu Hilfe kommt. Deshalb solltest du genauso gerüstet sein wie für den Fall, dass der Senior in eine Glasscherbe tritt oder sich bei einer Auseinandersetzung mit einem anderen Hund eine Verletzung zuzieht. So, wie der Verbandskasten zu Hause und im Auto sollte deshalb die Notfallapotheke für deinen Hund immer griffbereit sein. Nimm die wichtigsten Bestandteile für Erste Hilfe mit, wenn du mit deinem Hund unterwegs bist, denn kleine oder größere Verletzungen brauchen auch dann eine Erstversorgung, wenn du gleich in die Tierarztpraxis durchstartest. Damit du weißt, wie du deinem Hund schnell helfen kannst, empfehle ich dir, einen Erste-Hilfe-Kurs für Hundebesitzer zu machen. Dort lernst du unter anderem, wie du Puls und Atmung misst, wie man eine Blutung stillen kann und was nötig ist, um eine Verletzung zu versorgen. Du bekommst wertvolle Tipps, wie du deinen Hund vor Erstickung bewahren kannst, wenn er etwas ins Maul bekommen hat, und wie du einen Hund in die stabile Seitenlage bringst, um seinen Kreislauf ins Gleichgewicht zu bringen.

Fieber messen beim Hund

Es ist nicht so leicht zu erkennen, ob ein Hund Fieber hat. Ein digitales Fieberthermometer, das rektal (in den After des Hundes) eingeführt wird, gibt schnell Auskunft über die Körpertemperatur. Das Thermometer wird nur wenige Zentimeter in den Enddarm eingeführt und behutsam an die Darmwand gelegt. Für ein optimales Ergebnis ist der Kontakt mit der Schleimhaut erforderlich. Nach einigen Sekunden zeigt das Thermometer die Temperatur an.

Wann hat ein Hund Fieber?

Die normale Körpertemperatur in Ruhe variiert beim Hund zwischen 37,5 und 39 Grad. Ab 40 Grad spricht man von Fieber, eine weitere Erhöhung kann lebensbedrohlich sein. Bei Welpen ist 39,5 Grad noch normal, steigt die Temperatur weiter, muss dieses Warnsignal unbedingt ernst genommen werden.

An den wenig oder unbehaarten Stellen des Hundes (Achseln, Bauch, Ohren, Nase) kann man auch ohne Fieberthermometer feststellen, ob der Hund eine erhöhte Körpertemperatur hat. In dem Fall ist er dort ungewöhnlich warm.

Wenn der Hund Fieber hat, muss er in den kommenden Stunden aufmerksam beobachtet werden. Gleichzeitig braucht er aber seine Ruhe und sollte möglichst kühl liegen können. Biete ihm frisches Wasser an und mache, wenn überhaupt, nur kurze Spaziergänge, damit er sich lösen kann. Kalte oder lauwarme Fleisch- oder Gemüsebrühe hilft ihm, wieder zu Kräften zu kommen. Miss stündlich die Temperatur und lasse die Ursache des Fiebers beim Tierarzt abklären, wenn sich der Zustand deines Hundes nicht innerhalb eines Tages bessert. Steigt die Temperatur, solltest du nicht zögern und gleich losfahren. Virale Infekte, bakterielle Infektionen, Vergiftungen und Parasiten sind einige mögliche Auslöser des Fiebers. Eine gezielte Behandlung ist wichtig und muss unter Umständen zeitnah erfolgen.

Maulgeruch und schlechte Zähne

Trotz bester Vorsorge kann es zu Problemen mit Zahnfleisch und Zähnen des Hundes kommen. Checke deshalb bei deinem alten Hund während des Zähneputzens die Lage im Maul. Hat sich Zahnstein gebildet, der womöglich in entstehenden Zahnfleischtaschen zu Entzündungen führt? Erkranktes Zahnfleisch erkennst du daran, dass es gerötet und geschwollen ist, von Zahnstein betroffene Zähne haben gelbe bis graubraune Beläge. Bei alten Hunden werden die Zähne locker. Schau dir diese Zähne besonders gut an, denn es kann sein, dass sie Schmerzen verursachen. Meistens riecht der Hund dann auch unangenehm aus dem Maul, kaut einseitig oder verweigert das Fressen ganz.

Lässt dich dein Hund plötzlich nicht mehr an seine Zähne oder schreckt zurück, kann das ein Indiz für Zahnschmerzen sein. Sollte er eine dicke Backe bekommen, ist wahrscheinlich Eiter im Spiel. Gehe damit bitte noch am selben Tag zum Tierarzt, denn mit einer Zahnwurzelentzündung ist nicht zu spaßen. Der Hund braucht ein Antibiotikum und der betroffene Zahn muss eventuell gezogen werden. Dazu muss leider auch der Senior in Narkose gelegt werden. Im Alter ist das Risiko einer Narkose noch größer, trotzdem kommt man bei einer entzündeten Zahnwurzel wahrscheinlich nicht drum herum. Eine Inhalationsanästhesie, bei der vierbeinige Patienten in nicht zu tiefer Narkose sind, ist gerade bei alten Hunden oft das Mittel der Wahl. Eine gründliche Untersuchung des Herzens vor dem Eingriff ist selbstverständlich und gibt Hinweise auf Faktoren, die besonders beachtet werden müssen.

Vorteil ist, dass bei einem solchen Eingriff auch die anderen Zähne gründlich untersucht und, falls nötig, behandelt werden können. Allerdings muss die Narkose beim Senior kurz bleiben, um den Organismus nicht zu sehr zu belasten. Deshalb wird eine komplette Zahnsanierung je nach erforderlichem Aufwand in zwei oder mehr Sitzungen durchgeführt.

Bleibe nach dem Aufwachen noch mit dem Hund in der Praxis oder in der Klinik, damit du sichergehen kannst, dass der Kreislauf stabil ist. Lass deinen Hund nicht allein, bis es ihm wieder richtig gut geht, und bleibe auch nachts bei ihm. Meistens kann der Patient schon am nächsten Tag wieder Nahrung zu sich nehmen. Du kannst ihm die Futteraufnahme erleichtern, wenn du ihm relativ flüssige Nahrung anbietest. Im Kapitel zum Thema Ernährung findest du Hinweise für eine bedarfsdeckende Suppenküche;

Tierzahnarzt

Zähne sind nicht nur bei Hunden ein wichtiger Pfeiler für eine rundum gute Gesundheit. Deshalb macht es Sinn, sich mit Zahnproblemen des Hundes an Spezialisten zu wenden, die es sich zur Aufgabe gemacht haben, die Zahngesundheit von Hunden zu optimieren. Neben spezialisierten Tierärzten gibt es Kliniken für Tierzahnheilkunde, an die man sich vor allem dann wenden kann, wenn der Hundesenior komplexe Zahnprobleme hat. Mit schwierigen Zahndiagnosen wird man möglicherweise konfrontiert, wenn man sich entschließt, eine graue Schnauze erst im hohen Alter bei sich aufzunehmen. Aber auch bei bester Zahnpflege können Zähne zum Spielverderber werden, wenn sie aufgrund einer erblichen Veranlagung oder aufgrund von Erkrankungen Probleme machen.

Zahnfleischwucherungen

Bestimmte Rassen (zum Beispiel Boxer und Französische Bulldoggen) haben die Veranlagung, im fortgeschrittenen Alter an der sogenannten fibromatösen Epulis zu erkranken. Aber auch alle anderen Hunde können die raumfordernden knollenartigen Zubildungen auf dem Zahnfleisch bekommen, die aus den Zellen des Zahnhalteapparats gebildet werden. Die Tumoren bluten häufig bei der Futteraufnahme und können diese auch stören. Eine Operation ist möglich, eine Neubildung jedoch nicht unwahrscheinlich. Trotzdem kann ein Hund mit diesen meist gutartigen Tumoren am Zahnfleisch alt werden. Eine optimale Maul- und Zahnpflege trägt dazu bei, das Problem einzudämmen und unangenehmem Geruch vorzubeugen.

außerdem kann man Dosenfutter mit etwas Wasser cremig rühren. In Tierarztpraxen und Tierkliniken kannst du hochkalorisches Futter kaufen, das in kleiner Menge enthält, was der Hund braucht. Lasse dich beraten, ob dieses Futter für deinen Hund geeignet ist, und frage gleich, wie lange er es bekommen soll.

Inkontinenz

Nasse Flecken im Körbchen, Tropfen auf dem Boden und Elefantenpippis, bevor die Haustür erreicht ist, sind Anzeichen für eine Altersinkontinenz bei Hunden, die nichts damit zu tun haben, dass der ehemals stubenreine Hund nun zu bequem ist, auf die Spaziergehrunde zu warten. Die Fähigkeit des Körpers, Urin zu halten und kontrolliert abzugeben, nimmt ab und führt zu Urinverlust in geringem oder stärkerem Ausmaß. Ursachen für unkontrollierten Urinverlust beim Hund sind unterschiedlich. Die Muskulatur, die dazu beiträgt, die Flüssigkeit in der Blase zu halten, nimmt im Alter ab. Das bedeutet nicht unbedingt, dass es in jeder Lebenslage zu Überschwemmungen kommen muss. Oft ist es so, dass der Hund in entspanntem Zustand, zum Beispiel wenn er besonders tief schläft, etwas Urin verliert. Auch nach größerer Anstrengung wie einem wilden Spiel mit Artgenossen oder einem langen Spaziergang kann es sein, dass die Muskulatur durch Ermüdung weniger leistungsfähig ist.

Altersinkontinenz kann auch hormonelle Ursachen haben. Bei Rüden ist der sinkende Spiegel des Sexualhormons Testosteron häufig dafür verantwortlich, dass sich die Vorsteherdrüse (Prostata) vergrößert. Sie befindet sich unter der Harnblase und kann diese ver-

Waschbare Hundewindeln mit Wechseleinlagen entspannen die Situation bei Inkontinenz.

Lennox trägt die Windel nur Nachts, weil er im tiefen langen Schlaf etwas Urin verliert.

engen oder Druck ausüben, sodass es zum Überlaufen kommt. Bei Hündinnen kann der Abfall des weiblichen Sexualhormons Östrogen dazu führen, dass die Funktion des Muskels, der die Harnröhre verschließt, nicht mehr ausreichend gegeben ist. Nach Sterilisation oder Kastration kann es auch schon in jüngeren Jahren zu hormonbedingter Inkontinenz kommen, die im Alter zunimmt.

Blasenentzündungen, Blasensteine, Tumoren, Bandscheibenvorfälle, Diabetes oder eine demenzielle Erkrankung können ebenfalls zu einer Inkontinenz führen. In allen Fällen ist das unkontrollierte Absetzen von Urin keine Verhaltensauffälligkeit, sondern eine Störung, mit deren Folgen sich auch der Hund unwohl fühlen kann, denn normalerweise würde er sein Nest nicht beschmutzen.

Altersinkontinenz sollte ursächlich immer vom Tierarzt abgeklärt und, soweit möglich, entsprechend behandelt werden. Hormontherapie, Behandlung auf pflanzlicher Basis und bei Blasensteinen oder Tumoren auch operative Eingriffe können sogar dazu führen, dass der Hund den Urin wieder halten kann und keine Pfützen mehr im Haus hinterlässt.

Es ist also bei Inkontinenz immer ratsam, vom Tierarzt eine Urinuntersuchung durchführen zu lassen. Wenn der Hund durch eine entsprechende Medikamentengabe oder einen operativen Eingriff wieder kontinent wird, erhöht das seine Lebensqualität und auch die seiner menschlichen Begleiter. Bleibt die Inkontinenz bestehen, muss man lernen, mit der veränderten Situation zu leben. Eine hilfreiche Anschaffung ist ein wasserfestes Hundebett mit Wechselbezügen (Bezugsquelle im Anhang). Für die Nacht kann man dem Hund, wenn er mehr Urin ver-

> ***Niemals strafen!***
>
> *Bitte strafe deinen Hund niemals dafür, dass er an einer Stelle Urin verloren hat, die nicht dafür vorgesehen ist. Er hat den Vorgang nicht mehr unter Kontrolle. Übrigens sollte auch ein junger Hund, der lernt, sein Geschäft draußen zu verrichten, in keinem Fall bestraft werden, wenn er drinnen pinkelt. Wir müssen immer davon ausgehen, dass wir Menschen den Hund nicht gut beobachtet haben oder dass unsere Reaktion zu langsam war.*

liert, auch eine spezielle Hundewindel anziehen. Bei Hündinnen legt man eine saugfähige Einlage in ein Läufigkeitshöschen.. Für Rüden gibt es eine elastische Bauchbinde (die man aus alten Shirts auch selbst nähen kann), in die eine normale Babywindel eingelegt werden kann. Umweltfreundlicher sind allerdings waschbare Hundewindeln, die zudem besonders gut sitzen.. Es wird ebenfalls eine Wechseleinlage verwendet, diese ist aber bedeutend kleiner als eine Windel für Menschenbabys. Die Bezugsquelle für die Windeln, die es natürlich auch für Hündinnen gibt, findest du im Anhang dieses Buches.

Schlecht sehend oder blind

Bei allen Hunden nimmt das Sehvermögen im Lauf des Alters ab, manche Hunde werden sogar blind. Meist ist eine Linsentrübung zu beobachten, die oft auf den sogenannten grauen Star zurückzuführen ist. Eine Operation ist möglich, jedoch nicht in allen Fällen ratsam. Seltener tritt der für den Hund schmerzhafte grüne Star (Glaukom) auf. Unter diese Diagnose fallen Augenkrankheiten, die zu einer Schädigung des Sehnervs und letztendlich zu einer völligen Erblindung führen können. Bei dieser Erkrankung ist eine medikamentöse Behandlung unerlässlich. Besprich bitte die Behandlungsweise mit deiner Tierärztin.

Da Hunde einen ausgeprägten Geruchssinn haben, scheint das Erblinden für sie weniger dramatisch zu sein als für Menschen. Meistens passen sie sich schon bei abnehmendem Sehvermögen der neuen Situation an und kompensieren über einen vermehrten Einsatz der Nase und des Hörvermögens, falls das noch intakt ist.

Anpassung der häuslichen Umgebung

Nimmt das Sehvermögen des Hundes ab, ist es weniger dramatisch, wenn er sich in einer Umgebung befindet, die er gut kennt. Er macht seine gewohnten Wege im Haus und orientiert sich an ihm bekannten Gerüchen, Abständen und Geräuschen. Ein Umzug mit einem schlecht sehenden oder blinden Hund kann dagegen zu Herausforderungen für Hund und Besitzer führen und erfordert vom Hundebesitzer viel Einfühlungsvermögen.

Futterstelle und Liegeplatz

Sorge dafür, dass dem Hund auf den Pfaden, die er natürlicherweise im (neuen) Haus einschlägt, möglichst nichts im Weg steht. Stelle seine Futterbar und die Wasserschüssel an einen für ihn gut erreichbaren Ort und zeige ihm diesen Platz so lange, bis er ihn selbst findet. Wechsle die Futter- und Wasserstelle bitte genauso wenig wie die Liegeplätze des Hundes. So kann er sich darauf verlassen, alles immer wieder an der gleichen Stelle vorzufinden.

Befinden sich Türen zwischen Liegeplatz und Wasserstelle, muss ein zweiter gut erreichbarer Napf in einem höheren Stockwerk zur Verfügung stehen. An allen Stellen sollte das Wasser täglich gewechselt werden.

Treppengitter und Stufenmatten

Gitter oben und unten an der Treppe sind hilfreich, damit der Hund nicht unbeobachtet das Stockwerk wechselt. Man kann ihn dann je nach Größe und Gewicht entweder beim Erklimmen der Stufen begleiten oder ihn nach oben oder nach unten tragen. Ihn zu tragen ist vor allem dann erforderlich, wenn der Hund aus gesundheitlichen Gründen selbst keine Treppen mehr laufen soll, sein Nachtlager aber auf einer höheren Etage in der Nähe seiner Menschen hat. Ist der Hund für diese Option zu groß und zu schwer, ist es zumindest eine Überlegung wert, ob ein oder mehrere Schlafplätze der Menschen ebenerdig realisiert werden können. Ich kenne so manchen Besitzer eines alten Hundes, der lange auf dem Sofa im Wohnzimmer geschlafen hat, um seinen großen vierbeinigen Kumpel nicht allein zu lassen und um auf den Wunsch nach einer Pipirunde zeitnah reagieren zu können.

Wenn ein Hund noch Stufen überwinden kann und die Treppe glatt ist, erleichtert man dem alten Tier generell das Treppensteigen durch aufgeklebte Teppichmatten. Dadurch wird die Rutschgefahr vermindert und blinde Hunde haben eine sichere Orientierung.

Matten, die man auf Treppenstufen aufkleben kann, sind zwar nicht besonders schön, erleichtern dem Hund aber das Treppensteigen.

> ## *Pool oder Teich im Garten?*
>
> *Sichere einen Pool oder Teich mit einem Zaun ab, denn ein blinder Hund kann darin ertrinken. Je nach Größe und Kraft des Hundes eignen sich auch portable Zaunteile oder ein Staketenzaun aus Kastanienholz, mit dem du auch deine Terrasse oder andere Teile des Gartens abtrennen kannst.*

Verletzungsschutz

Es kann passieren, dass der Hund gegen Tischbeine oder Schrankecken läuft, bis er sich gemerkt hat, dass dort ein Hindernis steht. Um ihm das Lernen zu erleichtern, hilft es scharfe Kanten mit Filz zu umwickeln oder Kunststoffkappen zu verwenden, die es als Kindersicherung für Möbel zu kaufen gibt. Achte auch darauf, dass nichts auf dem

Australian-Sheperd-Hündin Finja hat schnell gelernt, die Autorampe hinauf...

... und wieder hinunterzugehen.

Boden liegt, woran der Hund sich verletzen könnte.

Autorampe

Eine Rampe erleichtert großen Hunden das Einstiegen ins Auto und auch beim Aussteigen wird durch die Rampe ein Sprung vermieden. Der Hund braucht dabei aber deutliche Führung, damit er nicht seitlich von der Rampe fällt. Mittlere und kleine Hunde kann man ohne Weiteres ins Auto heben. Die Rampe ist grundsätzlich ein wichtiges Hilfsmittel wenn man einen alten Hund hat. Auch wegen der eingeschränkten Beweglichkeit und nachlassenden Kraft ist es der Sprung ins oder aus dem Auto für den Senior nicht wünschenswert.

Kommunikation mit einem schlecht sehenden oder blinden Hund

Wichtigste Voraussetzung für eine gelungene Kommunikation mit einem beeinträchtigten Hund ist die Beziehung zwischen dem Menschen und seinem vierbeinigen Freund. Der Hund muss das Vertrauen aufbringen können, seinem Menschen zu folgen, und das Gefühl haben, bei seinem Begleiter gut aufgehoben zu sein. Im Umgang mit dem Senior erfordert das abnehmende oder nicht

Zeichen für die Kommunikation mit einem schlecht sehenden oder blinden Hund

Die folgenden Zeichen sind Vorschläge für eine einfache Sprache, die beide Seiten zusammen lernen können. Ich bin der Meinung, dass wenige Zeichen für eine entspannte Kommunikation ausreichen. Es braucht außerdem ein Auflösungswort, damit der Hund weiß, dass es weitergeht (zum Beispiel „Frei", „Okay", „Go").

Das soll der Hund tun	Das sagt der Besitzer	Körperzeichen
Kommen	*Hier*	*Den Hund mit Geschirr und Schleppleine respektvoll und in seinem Tempo zu sich holen, bis der Hund von sich aus problemlos kommt*
Stehen bleiben	*Halt oder Stay*	*Hand vor die Brust des Hundes legen*
Ablegen	*Platz oder Lay down*	*Sanfte Unterstützung der Bewegung mit beiden Händen*
Mit etwas sofort aufhören	*Stopp oder Nein*	*Hund kurz an der Schulter mit einem Finger antippen*

Tipp: *Erst zu Hause üben, dann auch unterwegs anwenden.*

mehr vorhandene Sehvermögen ein Umdenken und entsprechendes Handeln, vor allem in der Kommunikation mit dem Tier. Der Hund braucht seinen Menschen vor allem dann als sichere Führung, wenn er bekanntes Territorium verlässt.

Der zweibeinige Begleiter sieht, was sich möglicherweise anbahnt, und kann den schlecht sehenden oder blinden Hund schützen. Begegnungen mit anderen Hunden, Kinder, die den Hund anfassen wollen, und Umgebungen, in denen es turbulent zugeht, können für den visuell eingeschränkten Hund zum Problem werden. Ein Hund, der nicht sieht, was passiert, kann sich bedroht, bedrängt oder verunsichert fühlen. Man könnte es ihm in einem solchen Moment nicht verdenken, wenn er knurren oder zuschnappen würde.

Hörzeichen und taktile Informationen

Bei der Kommunikation mit schlecht sehenden oder blinden Hunden muss mit Hörzeichen oder taktilen Informationen (Anfassen des Hundes) gearbeitet werden. In der veränderten Situation ist dies ein Lernprozess, der vor allem eines erfordert: Geduld! Der Hund wird vielleicht nicht auf Anhieb verstehen, was man von ihm will. War das Zeichen undeutlich und anders als beim letzten Mal?

Die liebenswerte Kora ist eine zurückhaltende ältere Hündin aus dem Tierschutz, die bei Ursula Löckenhoff ein sicheres Zuhause gefunden hat. Sie kommt in der Hundegruppe auch mit einem Auge gut zurecht.

Blinder Hund – und nun?

Bettina Becker erzählt im ersten Kapitel dieses Buches die Story von Parson-Russell-Hündin Karlchen, die blind geworden ist. Im folgenden Text macht sie Mut, die Herausforderung des Lebens mit einem blinden Hund zuversichtlich anzunehmen.

Ich war zunächst versucht, zu schreiben: „Blinder Hund, na und?", aber so einfach ist es dann doch nicht. Egal, ob der Hund wie in Karlchens Fall durch Krankheit, ob er durch einen Unfall oder schlicht altersbedingt erblindet – seien wir ehrlich, das Leben wird sich verändern. Das Leben des Hundes und seiner Menschen im Zusammenleben. Aber – es wird nicht schlechter. Blindheit ist kein Todesurteil, und die Sorgen und Bedenken, die wir als Hundehalter haben, wenn der Hund plötzlich blind wird oder langsam erblindet, die hat der Hund nicht. Sowohl aus eigener Erfahrung wie auch aus den Erzählungen von Freunden oder Kunden aus der Tierarztpraxis meines verstorbenen Mannes weiß ich: Der Hund tut sich mit der Situation viel leichter als wir. Hunde leben im Hier und Jetzt und sind Meister darin, sich mit neuen Umständen zu arrangieren. Sie denken nicht darüber nach, wie viel schöner es war, als sie noch sehen konnten, und so wird ein immer fröhlicher Hund in den meisten Fällen auch ein fröhlicher blinder Hund bleiben. Karlchen war so ein Modell – sie war immer gut drauf, startete immer freudig wedelnd in den Tag.

Hunde mit Handicap

Alte Hunde mit Handicap zu sich zu nehmen bedeutet eine besonders große Verantwortung. Gleichzeitig bringen die dreibeinigen, tauben, blinden oder anderweitig eingeschränkten Hunde so viel Liebe und Lebensfreude mit, dass sie uns demütig und dankbar werden lassen.

Schwerhörig oder taub

Schwerhörigkeit ist eine normale Alterserscheinung, die durch den Verschleiß der Sinneszellen (Haarzellen) im Innenohr verursacht wird. Dieser Vorgang kann schleichend zur völligen Taubheit des Hundes führen. Man merkt es daran, dass der Hund nicht mehr reagiert, wenn er seinen Menschen nicht gleichzeitig sehen kann. Liegt der Schwerhörigkeit oder Taubheit eine Erkrankung des Ohrs zugrunde, muss diese auf jeden Fall behandelt werden. Die Verschlechterung des Hörvermögens lässt sich nicht rückgängig machen, Hund und Mensch können aber lernen, damit umzugehen.

Kommunikation mit einem schwerhörigen oder tauben Hund

Viele Menschen verwenden in der Kommunikation mit ihrem Hund schon immer Handzeichen. Das macht es einfacher, mit einem Hund, der die Stimme nicht mehr hören kann, zu kommunizieren. Auch der alte Hund kann neue Handzeichen lernen, die bei Schwerhörigkeit und Taubheit als Alltagssprache dienen. Leichte Berührungen und auch die Führung mit einer Hausleine helfen dem Hund zu verstehen, was von ihm erwartet wird. Dazu kann man den Hund zum Beispiel abholen, wenn er irgendwo im Haus gerade dabei ist,

Anders war sie nur in der Phase der Krankheit – als ihr die Schmerzen der Augenkrankheit die Fröhlichkeit nahmen. Aber als sie blind war, waren auch die Schmerzen vergangen und ich hatte mein altes Karlchen wieder. Ich habe damals zunächst nichts in der Wohnung verändert, und so fand sie sofort wieder alles, was sie suchte. Die Gartentür, den Trinknapf, das Futter und sogar das Spielzeug. Und sie konnte auch weiter auf das Sofa und vom Bett hinunterspringen. In der Phase, als ich mich mit dem Gedanken an ihre bevorstehende Blindheit befassen musste, war das für mich unvorstellbar, aber sie hat mich eines Besseren belehrt. Was ich damit sagen will, ist: Lassen Sie Ihren Hund seinen Weg suchen, lassen Sie ihn das Tempo bestimmen, haben Sie Vertrauen darin, dass er nichts von dem, was er vorher konnte, vergessen hat oder nicht mehr tun kann – das meiste geht weiterhin, wenn auch mit etwas Hilfe. Ja, der plötzlich blinde Hund stößt vielleicht mal irgendwo an oder verliert den Weg. Fremde Hunde kommen auf Ihren Hund zu, der dann vielleicht zunächst etwas hilflos erscheint. Dann helfen Sie ihm, aber machen Sie kein Drama draus – der Hund macht es auch nicht. Zeigen Sie ihm, dass auf Sie Verlass ist, aber machen Sie ihn nicht hilfloser, als er ist. Blinde Hunde können oft viel mehr, als wir denken – wenn wir sie lassen.

Die lockere Leine hilft dem alten Finn, der nicht mehr gut hört und sieht, seinen Weg zu finden.

Kein Freilauf mehr möglich?

Schwerhörige, blinde und desorientierte Hunde dürfen unter Umständen nicht mehr frei laufen, weil sie damit sich und andere in Gefahr bringen können. Trotzdem ist es wichtig, dass es einen Ort gibt, an dem sich die Hunde ohne die Begrenzung einer Leine austoben kann. Eine sicher eingezäunte Wiese, wie man sie in Hundeschulen oder Hundevereinen findet, kann hier Abhilfe schaffen. Tu dich mit anderen Besitzern alter Hunde zusammen und frage, ob ihr den Auslauf ein- bis zweimal in der Woche gegen Bezahlung nutzen dürft. Es gibt auch immer mehr Hundeschulen, die Freilaufzeiten für Hundesenioren anbieten und diese wertvollen Treffen mit professioneller Unterstützung begleiten.

seine Futterzeit zu verschlafen. Berühre den Hund vorsichtig und mache eine Handbewegung, die du in Zukunft immer auf die gleiche Weise ausführst, wenn du ihn dazu auffordern möchtest, dir zu folgen. Unterwegs ist es ratsam, ein gut sichtbares Spielzeug mitzunehmen, mit dem man die visuelle Aufmerksamkeit des Hundes auf sich ziehen kann. Das Spielzeug wird immer dann eingesetzt, wenn es wichtig ist, dass der Hund kommt. Ein kurzes Spiel ist die Belohnung für den gelungenen „Rückruf" mit Sichtzeichen.

Erkrankungen des Bewegungsapparats

Neben altersbedingten Verschleißerscheinungen des Bewegungsapparats gibt es Krankheiten, die die Beweglichkeit des Hundes schon in jungen Jahren beeinträchtigen können. Grundsätzlich sind eher die größeren Rassen und jene mit zuchtbedingten anatomischen Besonderheiten (zum Beispiel sehr langer Rücken bei Bassets oder eine abfallende Hinterhand beim Deutschen Schäferhund) mehr betroffen als kleinere Hunde mit einer in dieser Hinsicht günstigeren Statur.

Der Abbauprozess der Muskulatur, die Verringerung der Stabilität des Bindegewebes und die Veränderung der Knochendichte im Alter sind normale Vorgänge, die wir zwar nicht stoppen, aber durch die richtige Ernährung, natürliche Vitamin- und Mineralpräparate und eine der Konstitution des Hundes angepassten Bewegung positiv beeinflussen können.

Hab keine Angst, dass mit dem Rentenalter deines Hundes euer sportliches Leben jetzt für immer vorbei ist. Bei der richtigen Behandlung und in manchen Fällen auch Rehabilitation ist immer noch lebendige Aktivität möglich, die mit Rücksicht auf die Situation des Vierbeiners nur entsprechend angepasst werden muss. Das kann bedeuten, dass je nach Größe des Hundes ein Fahrradkörbchen, Fahrradanhänger oder Lastenfahrrad gebraucht wird, weil der Hund nicht mehr neben dem Fahrrad herlaufen kann. Bei Wasser liebenden Hunden kann Schwimmen das gemeinsame Joggen ersetzen und statt Agility sind eher Waldspaziergänge angesagt.

Eine der häufigsten Alterserscheinungen am Bewegungsapparat des Hundes ist die Arthrose. Das ist ein häufig schmerzhafter Gelenkverschleiß, der bei vielen alten Hunden in unterschiedlicher Form zu beobachten ist. Der Knorpel im Gelenk baut ab oder ist geschädigt. Arthrose sind knöcherne Zubildungen des Gelenks, die zu immensen Bewegungsproblemen führen können. Wenn Entzündungen hinzukommen, führen diese zu Schmerzen und damit zu Bewegungsunlust. Die Gelenke können verdickt, warm und empfindlich sein, wobei man als Laie krankhafte Veränderungen

An den Vorderläufen sieht man bei Finn eine Durchtrittigkeit, die schnelleres Laufen erschwert.

Durchtrittigkeit (Hypermobilität)

Meist durch eine Bindegewebsschwäche oder eine Schwäche der Bänder hervorgerufene übermäßige Beweglichkeit der Gelenke, bei der vor allem alte Hunde stark abgeknickte Karpalgelenke oder auch Sprunggelenke haben. Manchmal zeigt sich auch ein Plattfuß, bei dem die Zehen abgespreizt sind. Tierarzt und Hundephysiotherapeut helfen mit Bandagen und angepasstem Muskeltraining, der Hundebesitzer unterstützt mit gesundem Futter, Nahrungsergänzung und Bewegung auf geeigneten Böden, zum Beispiel weichem Waldboden. Bei Hundesenioren mit Durchtrittigkeit muss außerdem ganz besonders auf das Gewicht geachtet werden, denn jedes Kilo zu viel belastet die Gelenke zusätzlich.

nicht unbedingt sicher ertasten kann. Hat dein Hund Arthrose oder eine andere Erkrankung des Bewegungsapparats, besteht auf jeden Fall Handlungsbedarf. Hundephysiotherapeuten sind neben Tierärzten und Tierheilpraktikern wertvolle Unterstützer. Sie helfen, einen individuellen Ernährungs- und Fitnessplan für die Bedürfnisse des Hundeseniors zu erstellen, damit der Vierbeiner keine Schmerzen mehr hat. Die Experten stehen außerdem den Hundebesitzern mit Rat und Tat zur Seite.

Spondylose

Eine Arthrose der kleinen Gelenke an der Wirbelsäule des Hundes wird als Spondylose bezeichnet. Dabei steht der Rücken teilweise oder ganz unter Spannung, man kann auch ein Aufwölben des Rückens beobachten, das mit Schmerzen einhergeht. Zittern und Schwäche der Hinterläufe sind ebenfalls Anzeichen für diese Erkrankung. Manche Hunde mit Spondylose zeigen im fortgeschrittenen Stadium Lähmungserscheinungen, je nachdem, ob ein Nerv in Mitleidenschaft gezogen ist oder nicht. Stark betroffene Tiere bewegen sich

Golddrahtimplantation (GI)

Die Behandlung mit Goldimplantaten, die operativ eingebracht werden, hat sich als Schmerztherapie bewährt und kann auch bei Gelenken eingesetzt werden, die bereits von Arthrose betroffen sind. Die Behandlung, auch Goldakupunktur genannt ist keinesfalls nur jungen Hunden vorbehalten, sie wird gerade bei alten Hunden immer wieder erfolgreich eingesetzt. Die kleinen Goldstücke verbleiben in der Muskulatur oder in den Gelenkzwischenräumen.

sehr steif oder humpeln stark. Tierärztliche Behandlung, Physiotherapie und Osteopathie kann das Fortschreiten der Erkrankung verlangsamen, die Beweglichkeit verbessern und den Schmerz nehmen, eine Verknöcherung der Wirbelsäule kann jedoch nicht verhindert werden. Gleichzeitig ist eine passende Ernährung, die Vermeidung von Übergewicht und die Gabe von unterstützenden Präparaten wichtig für einen ganzheitlichen Umgang mit der Krankheit.

Hüftgelenksdysplasie

Eine Hüftgelenksdysplasie (HD) kann verschiedene Ursachen haben. Es gibt eine genetisch bedingte Fehlentwicklung des Hüftgelenks, die schon beim jungen Hund große Schmerzen verursachen kann. Aber auch Überbelastung oder Verletzungstrauma, eine bakterielle Infektion sowie schlechte Ernährung können eine Hüftgelenksdysplasie zur Folge haben. Bei älteren Hunden führt diese Erkrankung durch den Verschleiß der Hüfte häufig zu einer Arthrose, die mit einer Einschränkung der Bewegungsabläufe einhergeht. Hunde setzen und legen sich häufiger, zeigen Schwierigkeiten beim Laufen oder humpeln deutlich sichtbar. Hunde mit dieser Erkrankung sollten lieber keinen Hundesport machen, außerdem muss Treppensteigen und zu starke Belastung vermieden werden. Neben einer medikamentösen Behandlung, die vor allem der Schmerzbekämpfung dient, kann eine Hüftgelenksdysplasie auch operativ behandelt werden.

Physiotherapie für Hunde unterstützt den Muskelaufbau im Bereich des Beckens und der Oberschenkelmuskulatur. Dadurch wird das Hüftgelenk entlastet. Die Hundephysiotherapeutin berät auch bezüglich der Belastbarkeit und eines moderaten Bewegungstrainings. Akupunktur, knorpelstärkende Futterzugaben und entzündungshemmende Medikamente können ebenfalls dazu beitragen, dass betroffene Hunde schmerzfrei und zufrieden leben können.

Degenerative Muskelerkrankung

Diese erbliche Muskelerkrankung (degenerative Myelopathie, abgekürzt DM), bei der die Muskelbeweglichkeit eingeschränkt ist, kann zu Beeinträchtigungen führen, die sich vor

Hundephysiotherapie

Wie beim Menschen dient die Hundephysiotherapie der Gesundheitsvorsorge und der Behandlung von Erkrankungen und Verletzungen. Durch eine Verbesserung der Beweglichkeit kann eine Schmerzlinderung erreicht werden, die für den Hund letztendlich zu mehr Lebensqualität führt. Die Physiotherapie ersetzt die tierärztliche Behandlung nicht, ist aber ein wichtiger Pfeiler in der Gesunderhaltung und der Verbesserung von Krankheitssymptomen. Muskelaufbau, Mobilisierung der Gelenke, Rehabilitation nach Unfällen und operativen Eingriffen sowie die physiotherapeutische Behandlung bei neurologischen Erkrankungen sind für den Hund ebenso hilfreich wie die Durchführung von Massagen und der von Hundephysiotherapeuten angebotenen Hydrotherapie. Bei dieser gelenkschonenden Form der Bewegungstherapie läuft der Hund auf einem Unterwasserlaufband, vorausgesetzt er mag es, im Wasser zu sein.

Übermäßiges Trinken kann auf Erkrankungen wie Diabetes oder das Cushing-Syndrom hinweisen.

allem in einer Schwäche der Hinterhand zeigen. Sie kommt bei bestimmten Rassen häufiger vor (vor allem bei Labrador Retrievern, aber auch bei Rhodesian Ridgebacks, Boxern und Schäferhunden). Primär ist diese Erkrankung nicht schmerzhaft, kann aber dazu führen, dass der Hund weniger belastbar ist und im Alter Lähmungserscheinungen und von einer eingeschränkten Beweglichkeit der Gelenke betroffen ist. In dem Fall kann Physiotherapie mit Massagen und Muskelaufbau vor allem im Bereich der Vorderläufe unterstützen; aufzuhalten ist diese Erkrankung jedoch nicht. Hunde mit dieser Erkrankung sollten eine purinarme Diät bekommen. Diese kann den Krankheitsprozess mildern und dem Hund zu einem hundegerechten Leben verhelfen. Purine sind grundlegende Bausteine des Organismus, die vom Körper selbst hergestellt werden. Werden sie zusätzlich über das Futter aufgenommen, kann das bei Hunden mit DM zu Problemen führen, weil die für den Abbau von Purinen erforderliche Harnsäure nicht ausreichend ausgeschieden werden kann.

Mögliche Hinweise auf innere Erkrankungen:

- *Übermäßiges Trinken*
- *Nahrungsverweigerung*
- *Mattigkeit, schnelles Ermüden*
- *Häufiges Absetzen von Urin und/oder Kot*
- *Aufgeblähter Bauch*
- *Haarausfall*
- *Hautveränderungen*
- *Auffallend ruhig oder unruhig*
- *Angestrengtes Husten*
- *Starkes und lange andauerndes Hecheln*
- *Atemgeräusche und Atemnot*
- *Erhöhte Temperatur/Fieber*
- *Schmerzanzeichen bei Bewegung*
- *Starkes und anhaltendes Zittern*
- *Häufiges Übergeben*
- *Länger anhaltender Durchfall*
- *Anzeichen für Schmerz (gekrümmte Haltung, Winseln, starke Unruhe)*

Wenn dein Hund eines oder mehrere dieser Anzeichen zeigt, dann warte nicht lange, denn Erkrankungen wie beispielsweise das Cushing-Syndrom (Erkrankung der Nebennierendrüsen) oder Diabetes (Zuckerkrankheit) bedürfen einer sofortigen und gezielten Behandlung durch die Tierärztin.

Erkrankungen der großen Organe

Herz, Leber und Nieren sind beim älteren Hund leider häufiger von Krankheiten betroffen. Da immer eine umfassende Diagnostik und Behandlung durch den Tierarzt erfolgen muss, beschränke ich mich hier auf mögliche Anzeichen für Organerkrankungen. Die bereits erwähnten vorsorglichen Blut- und Ultraschalluntersuchungen helfen, die Gesundheit des Hundes gut im Auge zu behalten, und ermöglichen in den meisten Fällen rechtzeitiges Eingreifen.

Gut- und bösartige Tumoren

So mancher Hundebesitzer hat beim Streicheln seines Hundes schon erschreckt innegehalten, wenn er unter dem Fell Hautveränderungen oder kleinere und größere Knoten gefühlt hat. Dies muss nicht zwangsläufig ein Tumor sein, auch eine verstopfte Talgdrüse kann einen gut fühlbaren Hautknoten verursachen, der sich nach einiger Zeit öffnet, abtrocknet und genauso verschwindet, wie er gekommen ist.

Tumoren sind Gewebsneubildungen, die sich als kleinere oder größere Geschwülste zeigen. Gutartige Tumoren wachsen meist nur langsam, bei schnell an Größe zunehmenden Geschwülsten ist also besondere Vorsicht geboten. Auch gutartige Tumoren können im Lauf ihres Wachstums entarten, also bösartig werden. Der Tierarzt sollte entscheiden, ob ein gutartiger Tumor operativ entfernt werden muss. Die Geschwulst muss regelmäßig beobachtet und auf verschiedene Anzeichen hin überprüft werden. Eine freie Verschiebbarkeit des Tumors, der direkt in oder unter der Haut liegt, ist meist ein relativ gutes Zeichen, weil davon auszugehen ist, dass die Geschwulst nicht infiltrativ, also in das umliegende Gewebe wächst.

Gutartige Tumoren

Häufige gutartige Tumoren sind warzenartige Hauttumoren oder harmlose Melanome, die sich als schwarze Knötchen auf der Haut zeigen können. Gutartige Wucherungen im Maul des Hundes werden im Kapitel über Maul- und Zahnprobleme beschrieben. Um feststellen zu können, ob ein Tumor gutartig ist, wird der Tierarzt eine Gewebeprobe entnehmen und diese zu einer sogenannten histologischen Untersuchung (Prüfung und Analyse des Gewebes) in ein Labor schicken.

Fettgeschwulst (Lipome)

Vielleicht hast du sie bei deinem Hund auch schon entdeckt? Kleine oder größere Knubbel, die direkt unter der Haut fühlbar sind und sich meistens ziemlich weich anfühlen. Häufig sind sie abgekapselt, also nicht mit dem umliegenden Gewebe verbunden und dadurch verschiebbar. Bei Hunden mit kurzem Fell sieht man sie besonders gut, bei langhaarigen Hunden fallen Lipome meistens beim ausgiebigen Kraulen oder Bürsten auf. In den meisten Fällen kann bei diesen Fettknubbeln Entwarnung gegeben werden. Lipome kommen oft vor, sind immer gutartig und müssen nicht behandelt werden. Trotzdem solltest du so einen Knoten deinem Tierarzt zeigen. Er wird ihn abtasten und aufgrund der Beschaffenheit des Knubbels schon vermuten können, dass es sich um ein Lipom handelt. Dabei überprüft er Beweglichkeit, Schmerzhaftigkeit und Temperatur. Eine Gewebeentnahme dient der weiteren Abklärung, damit ausgeschlossen werden kann, dass es sich um einen bösartigen Tumor handelt.

Leider kommt es manchmal vor, dass Lipome in das umliegende Gewebe hineinwachsen. Man kann sie dann nicht unter der Haut verschieben und es ist möglich, dass es zu einer Beeinträchtigung der Muskulatur

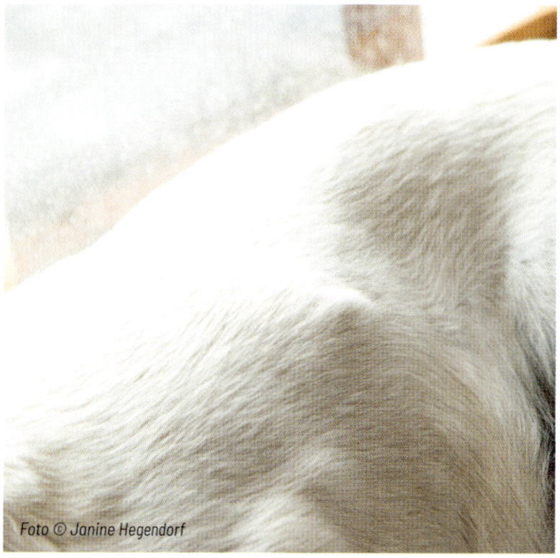

Die Labrador-Hündin hat kurzes Fell, deshalb kann man Lipome hier deutlich erkennen.

Happy End

Einer meiner Windhunde hatte einen Tumor auf dem Rücken, der leider bösartig war und innerhalb weniger Tage auf Pflaumengröße wuchs. Da bei einer Operation das Gewebe um den Tumor herum mindestens einen Zentimeter im gesunden Gewebe entfernt werden muss, wurde bei der Operation des Whippets viel Haut auf dem Rücken entfernt. Seine „Jacke" wurde dadurch immer enger und die Narbe stand stark unter Spannung. Nach der ersten Operation kam der Tumor noch zweimal wieder und konnte bei der dritten Operation erfolgreich entfernt werden. Alles verheilte gut und der Hund wurde noch fast 14 Jahre alt.

kommt, weil sie so viel Raum einnehmen. Auch wenn die Muskelfunktion nicht in Mitleidenschaft gezogen wird, kann die Stelle und die Größe des Lipoms ungünstig sein. In der Achselhöhle oder zwischen den Hinterläufen behindern sie je nach Statur des Hundes das Laufen oder sorgen für unangenehme Reibung. Wenn ein gutartiges Lipom den Hund sichtlich stört, kann es operativ entfernt werden.

Sehr selten kommt das aggressive Liposarkom vor, das jedoch nicht aus einem gutartigen Lipom entsteht, sondern von Anfang an gefährlich ist. Im fortgeschrittenen Stadium kann es sein, dass die Tumorzellen auch in anderen Organen zu finden sind. Hat der Tumor einmal „gestreut", muss leider von einer schlechten Prognose ausgegangen werden.

Bösartige Tumoren

Mein Hund hat Krebs. Diese niederschmetternde Diagnose ist schrecklich, muss aber nicht das Ende bedeuten. Früh erkannt und gezielt behandelt, können auch Hunde immer wieder als geheilt entlassen werden oder zumindest nach der Diagnose noch viele Jahre mit guter Lebensqualität leben.

Gewebewucherungen, die immer mehr Raum einnehmen und bei denen ein Wachstum in umliegendes Gewebe zu beobachten ist, sind häufig bösartige Tumoren. Wenn möglich sollte die Geschwulst in einem frühen Stadium operativ entfernt werden. Durchführbarkeit und Erfolg der Operation sind jedoch abhängig von der Stelle, an der sich der Tumor befindet.

Tumoren können überall entstehen, leider auch dort, wo man sie nicht sieht. Milztumoren kommen bei Hunden häufig vor, außerdem Tumoren am Gesäuge der Hündin und sogenannte Mastzelltumoren meist auf der Haut an den Gliedmaßen und am Rumpf des Tiers, seltener direkt an den Organen. Für die Diagnostik wird vom Tierarzt mit einer feinen Nadel Gewebe entnommen und histologisch untersucht. Dann wird ein

Behandlungsplan erstellt, der in den meisten Fällen eine Resektion des Tumors (operative Entfernung) vorsieht und auch Möglichkeiten für medikamentöse Therapie und Bestrahlung bietet. Ob man sich für eine solche Behandlung entscheidet, hängt vor allem davon ab, wie viel Lebensqualität für den Hund nach der Behandlung zu erwarten ist und inwieweit der alte Hund einen so intensiven Eingriff überstehen kann. Auch die Lokalisation des Tumors und die Chancen für eine Heilung spielen bei der Abwägung der Argumente eine Rolle.

Verständlicherweise möchte kein Hundebesitzer seinen Liebling loslassen, ohne nicht alle Möglichkeiten ausgeschöpft zu haben. Trotzdem ist es wichtig, immer für den Hund zu entscheiden und sich mit den Alternativen auseinanderzusetzen. Ein anderer Weg ist die sogenannte palliative Behandlung, bei der es nicht mehr darum geht, den Hund zu heilen, sondern dafür zu sorgen, dass er möglichst lange und schmerzfrei leben kann. Entscheidet man sich gegen eine auf Heilung ausgerichtete Behandlung, bedeutet das keinesfalls, dass man den Hund mit seiner Erkrankung sich selbst überlässt und den Tumor ignoriert. Die Behandlung ist auf die Lebensqualität des Hundes ausgerichtet, und durch regelmäßige Kontrolluntersuchungen wird sichergestellt, dass eine Verschlechterung nicht übersehen und rechtzeitig reagiert werden kann.

Der Mischlingsrüde einer Freundin hat mit bester Betreuung nach der Diagnose eines Milztumors noch zwei Jahre lang ein hundegerechtes Leben geführt. Er hat von Spezialisten der sanften Tiermedizin Medikamente bekommen, die einerseits dazu dienten, ihn schmerzfrei zu halten, und andererseits seinem zarten alten Organismus dabei geholfen haben, der Krankheit zu trotzen. Hundephysiotherapie, pflanzliche Präparate zur Unterstützung und ganz viel Liebe von seiner treu sorgenden Begleiterin haben dazu beigetragen, dass die letzte Lebensphase des kleinen Hundes zu einer wertvollen Zeit wurde.

Orientierungsstörung und Demenz

Alzheimer beim Hund? Ja, tatsächlich können auch bei Hunden vergleichbare Symptome wie bei Menschen mit demenziellen Erkrankungen auftreten. Kommen verschiedene Symptome zusammen, bei denen der Hund Verhaltensauffälligkeiten zeigt, die denen von Menschen mit Alzheimer ähneln, sprechen Tierärzte von der Canine Cognitive Dysfunction (CDS), einer kognitiven Dysfunktion beim Hund. Bevor diese Diagnose gestellt wird, muss der Senior aber auf andere körperliche Erkrankungen hin untersucht werden, die ebenfalls Ursache für eine Veränderung im Verhalten des Hundes sorgen können.

Es ist nämlich nicht ganz leicht zu deuten, welchen Grund verändertes Verhalten des Hundes hat. Ist der Hund unruhig, ruhelos oder leicht reizbar, kann das ein Hinweis auf einen Abbauprozess im Gehirn sein, muss aber nicht. Fängt der Hund in den unterschiedlichsten Situationen immer wieder an zu winseln, muss ausgeschlossen werden, dass er Schmerzen hat, die behandelt werden müssen. Auch scheinbar grundloses Bellen sollte man analysieren, damit eine Lösung gefunden werden kann, die dem Hund gerecht wird. Blinde oder taube Hunde zeigen in unsicheren Situationen zum Beispiel über ein Bellen an, dass sie Hilfe brauchen, auch wenn sie früher nur selten gebellt haben.

Zeigt dein Hund solche Anzeichen, solltest du unbedingt mit deinem Tierarzt sprechen, um zu schauen, welche medizinischen Möglichkeiten es gibt, um den Prozess so weit wie möglich positiv zu beeinflussen. Es gibt unterstützende Medikamente, mit denen unter anderem die Durchblutung des Gehirns verbessert werden kann. Besprich mit deinem Tierarzt auch, welche Nahrungsergänzungsmittel (zum Beispiel Omega-3-Fettsäuren) hilfreich sein können.

Mit einem Hund zu leben, der an CDS erkrankt ist, stellt für den Hundehalter in vielen Fällen eine große Herausforderung dar. Man muss sich stark an den Bedürfnissen des Hundes orientieren, und viele Hunde mit einer Orientierungs- und Verwirrtheitsstörung brauchen rund um die Uhr Betreuung. Die Frage ist immer, wie viel Lebensqualität für den Hund noch gegeben ist, aber auch, was seine Menschen leisten können.

Zwei der Hunde, die wir bisher hatten, waren an CDS erkrankt. Bei beiden hatte das Tageslicht einen deutlichen Einfluss auf das Befinden und den Orientierungszustand der Patienten. Tagsüber verbrachten sie meistens zusammen mit den anderen Hunden eine schöne Zeit in Haus und Garten. Sobald aber die Sonne unterging, veränderte sich die Situation. Einer der Hunde fing dann an, stundenlang zu jaulen, ohne dass wir ihn beruhigen konnten. Der andere Hund lief ununterbrochen ruhelos durchs Haus und konnte gar nicht damit umgehen, wenn man seinen Radius auf ein Zimmer begrenzte. Beide Tiere, die wir Gott sei Dank nicht gleichzeitig bei uns hatten, zeigten ein so stark verändertes Wesen, dass wir in ihnen nicht mehr die Persönlichkeiten erkennen konnten, die sie einmal waren.

In beiden Fällen mussten wir nach einiger Zeit schweren Herzens die Entscheidung treffen, sie einschläfern zu lassen. Den Rüden mussten wir gehen lassen, als sich die desorientierten Phasen auch auf den Tag ausbreiteten und nur noch winzige Zeitfenster übrig blieben, in denen so etwas wie Zufriedenheit erkennbar war. Als die ruhelose Hündin eines Tages nicht mehr laufen konnte, weil wahrscheinlich ein neurologisches Ereignis in ihrem Gehirn für eine Lähmung gesorgt hatte, gab es keinen Moment mehr, der als hundegerecht hätte bezeichnet werden können.

Eine medikamentöse Behandlung mit Präparaten, die die Konzentration der Botenstoffe für die Reizübermittlung fördern, sowie durchblutungsanregende und gefäßerweiternde Medikamente werden in der Tiermedizin mit unterschiedlichen Erfolgen eingesetzt.

CDS ist nicht heilbar, der Krankheitsverlauf kann aber bestenfalls verlangsamt und gemildert werden.

Anzeichen für ein kognitives Dysfunktionssyndrom:

- *Ruhelosigkeit*
- *Apathisches Starren*
- *Orientierungslosigkeit und Verwirrtheit auch an gewohnten Orten*
- *Rückzug an ungewöhnliche Stellen (zum Beispiel unters Bett)*
- *Häufiges Winseln und Jaulen*
- *Ängstliches Verhalten und Zittern*
- *Scheinbar grundloses Bellen*
- *Nachts wach, tagsüber schlafend*
- *Urinieren und Koten im Haus*
- *Aggressives Verhalten*
- *Veränderte Reaktion auf bekannte Bezugspersonen*
- *Erschrecken in bekannten Alltagssituationen*

Takk orientiert sich sehr an seinen Menschen. Sind sie nicht in Sichtweite, kann es sein, dass er sogar in seiner bekannten Umgebung unsicher und scheinbar ziellos herumläuft oder an einer Stelle verharrt.

Was nicht schadet

Hundebesitzer geben sich untereinander gern Tipps, und das ist auch gut so, denn vielleicht ist ja genau die eine Lösung für das Problem dabei. Trotzdem sollte man nicht wahllos experimentieren, schon gar nicht, wenn es dem Senior schlecht geht. Es spricht aber nichts dagegen, etwas auszuprobieren, was Artgenossen geholfen hat. Eine Demenzerkrankung beim Hund bringt viel Ratlosigkeit mit sich und man ergreift gern jeden Strohhalm, der sich bietet. Erwarte von einem Spezialfuttermittel oder einer Nahrungsergänzung keine Wunder oder gar Heilung, aber scheue dich auch nicht, einige Zeit zu beobachten, wie dein Hund darauf reagiert. Oft bringt das Zusammenspiel verschiedener Interventionen die erhoffte Verbesserung, und wenn nicht, hast du es jedenfalls versucht.

Medikamente verabreichen

Muss dein Hund zeitweise oder dauerhaft Tabletten einnehmen, braucht es manchmal Tricks, um sie ihm erfolgreich zu verabreichen.
Ich habe die beste Erfahrung mit etwas kalter Butter. Je nach Größe der Tablette und des Hundes darf die Menge bis zu einem Teelöffel betragen, jedoch nicht mehr, da sonst Blähungen oder Durchfall entstehen können. Ich drücke die Tablette in die kalte Butter, lege sie auf die Zunge des Hundes und hebe den Kopf leicht an. Die Butter schmilzt sofort im Maul und der Hund schluckt automatisch.
Alternativ hilft auch die Leberwurst-Schinken-Kombination, bei der Leberwurst auf eine Scheibe Schinken gestrichen und mit der Tablette eingerollt wird. Die wenigsten Hunde sortieren bei dieser tollen Rolle die Tablette raus.

Story

Margit schreibt an ihren Seelengefährten Jordi, einen großen schlanken Windhund, den die ganze Familie schon seit 15 Jahren ins Herz geschlossen hat.

Lieber Jordi,

als wir dich damals das erste Mal in deiner Pflegestelle besuchten, lagst du auf dem Sofa, ängstlich darum bemüht, dich unsichtbar zu machen. Zwei Jahre alt warst du damals. Deine Vergangenheit hatte dich eine tiefe Skepsis und Furchtsamkeit vor Menschen gelehrt. Wir machten uns die Entscheidung nicht leicht, ob du als Angsthund gut in unserer Familie untergebracht wärst. Wir entschieden uns für dich und ich fand meinen Seelengefährten in dir.

Wie ein Schatten warst du immer da, und im Laufe der Zeit wurdest du im geschützten Umfeld unserer Familie ein alberner, lebenslustiger Hund und wunderbarer Kumpel für unsere Hundedamen. Glück ist für dich ein Körbchen in der Sonne, Gesellschaft von uns und deinem Hunderudel (mit dem Alleinbleiben hattest du immer Probleme) – und etwas Leckeres zu fressen! Unvergessen ist der Tag, an dem du eine riesige Menge Hähnchenfleisch geklaut und verschlungen hast. Oder als du halbe Kuchen verspeist hast. Oder als wir herausfinden mussten, ob Muskatnuss in größeren Mengen gesundheitsgefährdend für Hunde ist … vor dir war einfach nichts Essbares sicher!

Seit einigen Jahren machen dir die Temperaturen im Sommer zu schaffen und die Spaziergänge wurden zu anstrengend für dich. Mittlerweile führen dich deine Wege nur noch durch unseren großen Garten. Deine Größe (immerhin hast du ein Stockmaß von fast 74 Zentimetern) macht das Aufstehen nach längeren Ruhephasen für dich mühevoll und es dauert eine Weile, bis du in Schwung kommst, dein Gleichgewicht wiederfindest und dich stabilisierst. Immer wieder fällst du und kommst nur mit unserer Hilfe wieder zum Stehen. Treppensteigen zu deinem alten Schlafplatz im Obergeschoss kannst du schon lange nicht mehr. Du brauchst mittlerweile eine Rundumbetreuung, die wir nur durch unsere berufliche Selbstständigkeit und die Arbeit in Homeoffice leisten können. Auch in der Nacht ist immer jemand an deiner Seite. Und an deiner Seite werden wir bleiben. Solange du uns brauchst. Du fuchurflusiger, fohlenbeiniger, allmählich etwas schrullig gewordener Seelenhund. Danke, dass du da bist!

Unser Tipp:

Jordi trägt Tag und Nacht ein gepolstertes, bequemes Geschirr, mit dem wir ihn gut stabilisieren können, wenn er stürzt und nur mit Mühe auf die Beine kommt. Auch an der Treppe ist es eine große Hilfe. An sehr schlechten Tagen, wenn er unsicher läuft oder die Beine nachgeben, unterstützen wir ihn zusätzlich noch mit einem großen Handtuch, das wir unter Oberkörper und Bauch legen und oben halten, um es ihm leichter zu machen.

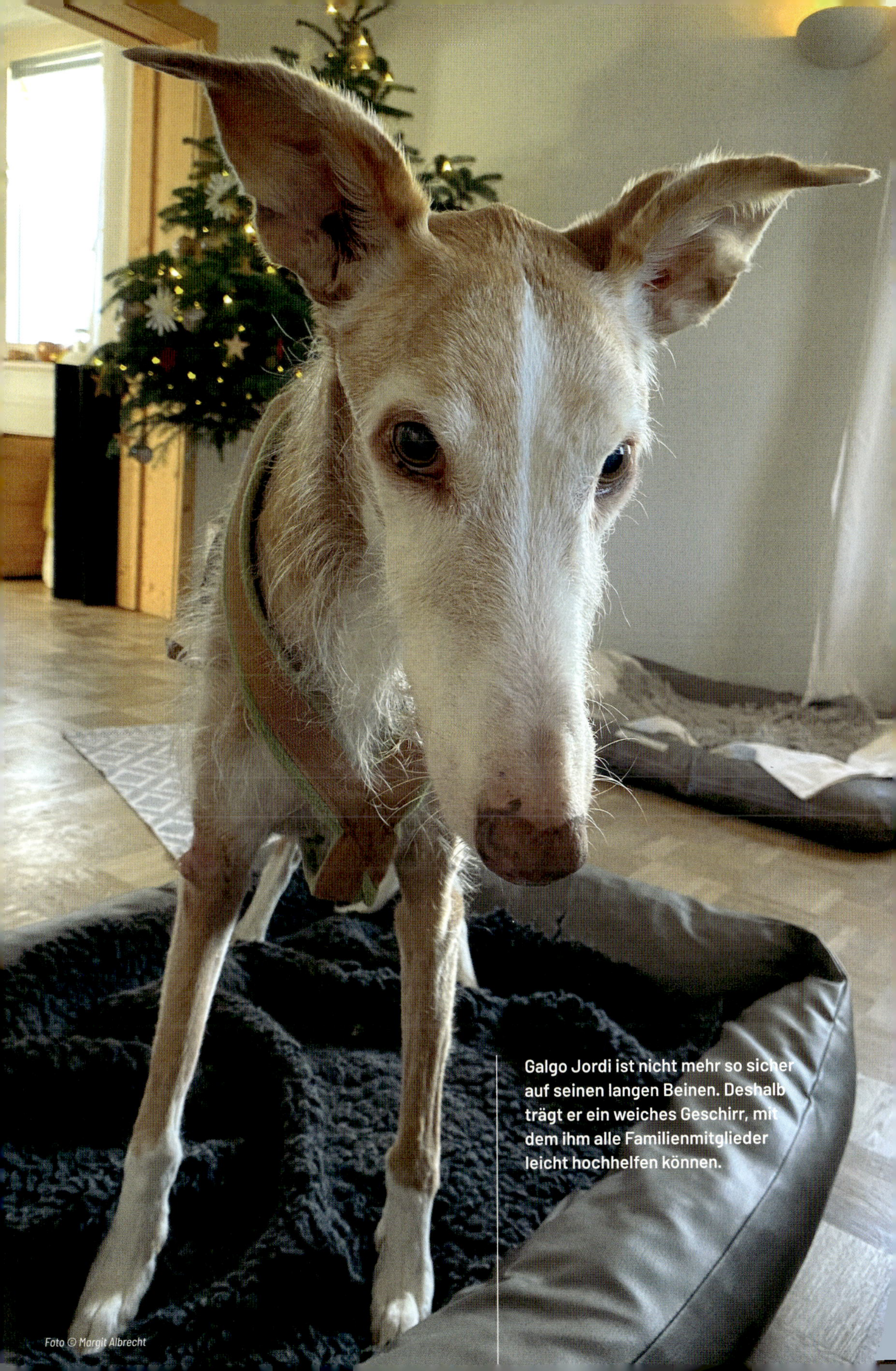

Galgo Jordi ist nicht mehr so sicher auf seinen langen Beinen. Deshalb trägt er ein weiches Geschirr, mit dem ihm alle Familienmitglieder leicht hochhelfen können.

Foto © Margit Albrecht

FÜR IMMER EINEN PLATZ IM HERZEN: **Abschied nehmen**

Es gibt Menschen, die nach dem Tod ihres geliebten Hundes nie wieder einen neuen Hund bei sich aufnehmen wollen, weil sie den Schmerz des Abschieds und des Verlusts nicht noch einmal erleben wollen. Es kann tatsächlich eine sehr harte und traurige Zeit sein, bei der man das Gefühl hat, gar nicht mehr froh zu werden, weil der geliebte Gefährte fehlt. Wer aber realisiert, dass die tiefe Verbundenheit das eigene Leben so bereichert hat, weil man bereit war, sich darauf einzulassen, der wird irgendwann auch wieder eine neue Beziehung zu einem vierbeinigen Freund aufnehmen können. Dieser wird den alten Hund niemals ersetzen, aber ihm nachfolgen und seine eigene Farbe in dein Leben bringen.

TRAUER IST DER PREIS DER LIEBE

Zugegeben, dieses Kapitel ist nicht leicht und unbeschwert wie ein Welpe auf der Frühlingswiese. Es handelt von der schwersten Zeit im Leben eines liebenden Hundebesitzers, dem Abschied. Gerade dieses Kapitel liegt mir trotzdem ganz besonders am Herzen, denn die Erlebnisse in dieser Zeit prägen oft unser Gefühl für die Erinnerung und markieren gleichzeitig das Ende eines unwiederbringlichen Abschnitts in unserem eigenen Leben. Wer sich traut, aufmerksam, zugewandt und mutig durch alle Stationen dieser Zeit zu gehen, wird den Kreislauf des Lebens verstehen und sich beiden Qualitäten öffnen können: der Trauer und der Liebe. Wir wissen nicht, wann und wie der Moment des endgültigen Abschieds sich in unser gemeinsames Leben schleicht. Manchmal geschieht es plötzlich, und es kann sein, dass der Hund noch gar nicht so alt ist. Ein Unfall, eine schwere Krankheit oder ein medizinischer Notfall in Zusammenhang mit einer Geburt oder einer notwendigen Operation können dazu führen, dass der eben noch gesund geglaubte Hund nicht mehr lebt. Es kann auch sein, dass dein Hund sehr krank ist und du weißt, dass er in absehbarer Zeit sterben wird.

Kann ich den natürlichen Sterbeprozess des Hundes abwarten?

Tod und Sterben sind in unserer Gesellschaft noch immer Themen, über die selten offen gesprochen wird. Das Töten von Tieren, die gegessen werden, geschieht häufig

Die letzte Lebensphase ist traurig, weil man Abschied nehmen muss, und gleichzeitig so verbunden und voller Liebe.

Foto © Jil Ziegner

Beobachten, unterstützen und, wo nötig, eingreifen

- *Rückzug oder starke Anhänglichkeit*
- *Abnehmende Muskelkraft*
- *Weniger Interesse an Futter*
- *Keine Kraft mehr auf Spaziergängen*
- *Hin und wieder desorientiert*
- *Altersinkontinenz*

im Morgengrauen und meist so, dass es kaum einer mitbekommt. Unsere Haustiere dagegen hegen und pflegen wir, solange es geht, und geben ihnen alles, was sie brauchen, um zufrieden und ihrer Art gerecht an unserer Seite sein zu können. Bis sich das Leben des geliebten Gefährten dem Ende zuneigt. Das ist jedenfalls der Idealfall, und ich selbst kenne viele rührende Geschichten, in denen die Besitzer ihr letztes Hemd dafür gegeben hätten, wenn sie damit die Zeit mit ihrem Hund hätten verlängern können.

Die Entscheidung, ein Tier einzuschläfern, wird manchmal übereilt getroffen; leider kommt es aber auch immer wieder vor, dass Hundebesitzer zu lange warten. Für ein altes und krankes Tier, dessen Lebensqualität nicht mehr gegeben ist, wird das Einschläfern eine Erlösung sein.

Es gibt Situationen, in denen man nach Absprache mit dem Tierarzt noch ein bis zwei Tage warten kann, vorausgesetzt, der Hund wird in dieser Zeit optimal versorgt und nicht allein gelassen. In anderen Momenten muss man aber sofort handeln, um das Tier nicht leiden zu lassen.

In Zusammenarbeit mit der Tierärztin habe ich im Folgenden die Anzeichen zusammengestellt, bei denen du deinen Hund sehr aufmerksam beobachten solltest und die Signale, die sofortiges Handeln erforderlich machen.

Unsere Aufgabe ist es, zu erkennen, ob sich der Hund in Ruhe befindet und sich seinen nachlassenden Kräften hingibt oder ob er leidet. Ein Hund, der nicht mehr frisst und trinkt, der sich zurückzieht und nicht mehr am Leben teilnimmt, kann möglicherweise auch still erdulden, was mit ihm geschieht. Vielleicht hat er nicht mehr die Kraft, Schmerz und Unbehagen zu äußern. Deshalb ist es besonders wichtig, seinen Zustand von einem Tierarzt beurteilen zu lassen. So kann unserem vierbeinigen Freund geholfen werden. Schmerzlindernde Medikamente, entzündungshemmende Mittel und auch das Einschläfern helfen vor allem, Leid zu verhindern.

Wann ist der richtige Zeitpunkt, einen Hund einschläfern zu lassen?

Lebensqualität ist immer der Maßstab für diese schwere Entscheidung. Natürlich ist es möglich, Hunden in bestimmten Situationen zu helfen, in denen sie mit Unterstützung noch einige Zeit bei uns bleiben können. Altersinkontinenz zum Beispiel schränkt die

Sofortiges Handeln erforderlich (Tierarztpraxis)

- *Fieber oder Untertemperatur (normale Körpertemperatur des Hundes liegt zwischen 37,5 und 39 Grad)*
- *Starkes Hecheln, Röcheln*
- *Husten, Erbrechen, Schmerzen*
- *Stress, Krampf, Unruhe*
- *Apathie*
- *Zahnfleisch wird blass, gelblich (Leberprobleme) oder bläulich (Herzprobleme)*
- *Bluten aus einer der Körperöffnungen*

Foto © Nadine Peeters

Ein sterbender Hund muss besonders aufmerksam beobachtet werden, damit man nicht den Punkt überschreitet, an dem er zu leiden beginnt.

Foto © Jil Ziegner

Bleibe in der Abschiedszeit immer an der Seite deines Hundes, auch wenn es schwer ist.

Lebensqualität des Hundes meist nicht ein. Spezielle Hundewindeln helfen, Haus und Körbchen einigermaßen trocken zu halten, häufigere kleine Spaziergänge geben dem Hund die Möglichkeit, sich draußen zu lösen. Blindheit, Taubheit und sogar die Lähmung oder Amputation einer Gliedmaße sind keine zwingenden Gründe für eine Euthanasie. Sie machen nur eine Anpassung des Zusammenlebens und in vielen Fällen ein Umdenken erforderlich.

Nimmt der Hund aber nicht mehr am Leben teil, frisst und trinkt er nicht mehr oder ist gar ein medizinischer Notfall eingetreten, der keine Besserung erwarten lässt, müssen wir als Hundebesitzer sehr tapfer sein und die richtige Entscheidung für unseren Hund treffen. Der Tierarzt schätzt den Zustand des Hundes realistisch ein und stellt sicher, dass dem Tier geholfen wird. Muss die Entscheidung getroffen werden, den Hund einzuschläfern, wird es für ihn eine Erlösung sein.

Nimm dir Zeit

Der Abschied vom Familienmitglied Hund ist ein bewegendes und emotionales Ereignis und ein Anlass, sich bei der Arbeit abzumelden und das Versäumte später nachzuholen. Auch Familienfeiern, Urlaube und Besuche können abgesagt oder verschoben werden, nachdem man seinen treuen Begleiter verantwortungsbewusst und würdevoll begleitet hat. Unterschätze dabei nicht deine eigene Trauer und die deiner Familie. Alle brauchen Zeit, Ruhe und viel Liebe, um das Erlebte in ihr Leben integrieren zu können.

Hilfsmittel bei der Pflege deines sterbenden Hundes

- *Alte, saubere Decken, die du später entsorgen kannst*
- *Alte Frotteehandtücher*
- *Inkontinenzunterlagen*
- *Öltücher zum Reinigen*
- *Eine Spritze ohne Kanüle für Wasser oder Salbeitee*
- *Kokosfett für die Lefzen*
- *Taschentücher für deine eigenen Tränen*

Was tun, bis der Tierarzt kommt?

Wenn kein medizinischer Notfall vorliegt oder kein Tierarzt in erreichbarer Nähe Dienst hat, kann es passieren, dass man ein oder zwei Tage warten muss, bis man in einer Praxis oder Klinik einen Termin vereinbaren oder den Tierarzt bitten kann, einen Hausbesuch zu machen. In dieser Zeit ist es besonders wichtig, den Hund nicht allein zu lassen und ihn liebevoll zu pflegen.

Es ist möglich, dass sich der Hund an einen Ort zurückzieht, der ungewöhnlich erscheint. Das kann ein Platz unter einem Baum oder Strauch im Garten sein, aber auch unter dem Bett oder in einer Ecke, in der er vorher eher selten zu finden war. Nimm diesen Wunsch deines Hundes nach Rückzug unbedingt ernst und finde einen Platz, an dem er bleiben kann, ohne dass er von spielenden Kindern, beherzten Katzen oder starker Zugluft gestört wird.

Richte ein Körbchen oder ein bequemes Lager aus alten Decken und Frotteetüchern her und lasse Tageslicht herein, ohne dass dein Hund in der prallen Sonne liegt. Mach es dir selbst bequem, damit du dich jederzeit zu deinem Hund setzen und einfach bei ihm sein kannst. Eine Matratze oder ein Sofa geben dir die Möglichkeit, auch über Nacht bei ihm zu bleiben, falls er deine Hilfe braucht. Lass ihn in dieser allerletzten Phase seines Lebens nicht mehr allein im Haus oder in der Wohnung.

Vielleicht gelingt es dem Hund nicht mehr, ohne deine Hilfe aufzustehen, um sein Geschäft zu verrichten. Je nachdem, wie es ihm geht, kannst du noch mit ihm nach draußen gehen und ihn halten. Es kann aber auch sein, dass er Urin und Kot einfach absetzt. Inkontinenzunterlagen für Menschen, die du in jedem Drogeriemarkt kaufen kannst, sind dann sehr hilfreich. Du wechselst die Unterlage aus, reinigst Penis oder Scheide und After mit den Öltüchern und säuberst auch das Fell, wenn es nass geworden ist. Dann bettest du deinen Hund neu, damit er trocken, sauber und vor allem bequem liegen kann. Wenn er aufstehen will, lass ihn, manchmal kommen die Kräfte noch für eine Weile wieder und reichen für einen Spaziergang durch den Garten oder sogar für eine kurze Runde um den Block. Sei dir aber im Klaren darüber, dass dein Hund unterwegs möglicherweise zusammenbrechen und dann nicht mehr weitergehen kann. Je nach Größe kannst du ihn vielleicht tragen; geht das nicht, sollte jemand Stand-by sein, den du anrufen und der euch zeitnah abholen kann.

Wenn dein Hund nicht mehr frisst und trinkt, solltest du ihm jede Stunde ein wenig Wasser oder Salbeitee auf die Zunge geben, das dann über die Lefzen wieder hinauslaufen kann. Ich nehme Salbeitee, weil diese Heilpflanze eine antibakterielle Wirkung hat und gleichzeitig die Schleimhäute beruhigt. Verwende dazu eine saubere Spritze ohne Nadel verwenden, die du in der Apotheke oder vom Tierarzt bekommen kannst. Wenn du merkst, dass dein Hund nicht mehr richtig schlucken kann, dann achte darauf , dass das Wasser nicht in den Rachen läuft. Der Hund könnte es sonst in die Lunge bekommen und im schlimmsten Fall sogar daran ersticken. Hustet er, ist das gut, weil er damit die Flüssigkeit wieder nach draußen befördert. Vermeide aber Aufregung und Husten, soweit möglich da es den Hund viel Kraft kostet, die er nicht mehr hat.

Sollten die Lefzen sehr trocken sein, kannst du sie mit ein wenig Kokosfett einreiben. Sorge außerdem dafür, dass dein Hund sauber und trocken in seinem Körbchen liegt und dass er nicht friert. Reinige ihn mit Öltüchern, wenn er sein Geschäft verrichtet hat, und halte Inkontinenzunterlagen bereit. Sobald du wmerkst, dass es deinem Hund

Dein Hund zählt auf dich, bleibe auch in schweren Zeiten bei ihm.

schlechter geht und oben genannte Anzeichen auftreten, die sofortiges Handeln erforderlich machen, musst du ihn sorgsam und sicher gebettet ins Auto packen und den nächsten Tierarzt oder eine Tierklinik anfahren. Rufe immer vorher an, damit man sich auf deinen Besuch einstellen kann.

Was passiert beim Einschläfern genau?

Der Vorgang des Einschläferns (fachlich als Euthanasie bezeichnet) ist immer ähnlich und muss weder zu Hause noch in der Tierarztpraxis ein schreckliches Ereignis sein. Wenn wir uns damit auseinandersetzen, bevor der endgültige Eingriff erforderlich wird, wis-

Hausbesuch

Besprich mit deinem Tierarzt, ob er zu dir nach Hause kommen würde, um deinen Hund einzuschläfern, zögere aber auch nicht, in die Praxis oder Klinik zu fahren, wenn es deinem Hund so schlecht gehen sollte, dass er leidet.

Lass deinen besten Freund nicht allein

Auch wenn es schwer ist, geh nicht weg, weil du es nicht aushalten kannst. Dein bester Freund braucht dich jetzt ganz besonders. Du brauchst nichts anderes zu tun, als für ihn da zu sein.

sen wir zumindest, was praktisch passieren wird. Die Gefühle, die sich zeigen, lassen sich dagegen nicht vorbereiten, sondern nur erahnen, und das ist vielleicht auch gut so. Im Folgenden beschreibe ich, wie das Einschläfern vor sich geht:

Eine Möglichkeit ist, dass der Hund eine sogenannte Verweilkanüle (Braunüle) in die Vene gelegt bekommt. Über diesen Zugang wird der Tierarzt ein oder mehrere Mittel spritzen (meist überdosierte Schlaf- oder Narkosemittel), die dann über tiefen Schlaf in die Bewusstlosigkeit und nach kurzer Zeit zum Atem- und Herzstillstand führen.

Häufig öffnet der Hund noch einmal seinen Fang und atmet ein letztes Mal hörbar, bevor er endgültig den Weg über die Regenbrücke geht. Manchmal bewegt sich das Tier noch oder es ist ein Muskelzucken erkennbar. Du kannst davon ausgehen, dass dein Hund nichts mehr davon mitbekommt. Nach dem Vorgang des Einschläferns wird er ganz entspannt in seinem Körbchen liegen und aussehen, als würde er schlafen.

Ist es schwierig, eine Verweilkanüle zu legen, weil der Hund ängstlich ist und sich wehrt, spritzt der Tierarzt eventuell ein Beruhigungs- oder Narkosemittel in den Muskel und legt dann erst die Braunüle. In seltenen Fällen ist auch eine direkte Injektion ins Herz erforderlich. Vertraue deinem Tierarzt, dass er das Richtige tut und immer zum Wohl deines Hundes handeln wird.

Und dann?

Dann steht erst einmal die Welt still. Im besten Fall verabschiedet man die Tierärztin, die ins Haus gekommen ist, um den Hund einzuschläfern. Oder man verlässt tränenreich die Tierarztpraxis mit einem toten Hund im Arm und dem vergleichsweise traurigsten Gefühl der Welt. Ein geliebtes Tier zu verlieren kann genauso tiefe Trauer hervorrufen wie wenn man sich für immer von einem Menschen verabschieden muss. Das können meist nur diejenigen Menschen nachempfinden, die selbst ein Tier hatten, das gestorben ist. Schäm dich deiner Tränen nicht und lasse dir von niemandem einreden, es sei ja „nur" ein Hund. Du darfst mit vollem Herzen um deinen vierbeinigen Begleiter trauern und alles tun, was du brauchst, um gut durch diese schwere Zeit zu kommen.

Wenn dein Hund ein Familienhund war, dann beziehe die Kinder in euren gemeinsamen Abschied und in die Traurigkeit mit ein. Sprecht über den Schmerz und über das, was ihr so sehr vermisst, zelebriert kleine Rituale, malt Bilder, pflückt Blumen, zündet Kerzen an, sucht Fotos heraus und verbringt noch ein bisschen Zeit mit dem Körper eures toten Hundes, bevor ihr ihn begrabt oder ihn einäschern lasst.

Auszeit

Von einem geliebten Freund Abschied zu nehmen, braucht Zeit, und zwar ab sofort. Sag ab, was du absagen kannst, zieh dich zurück und gib der Traurigkeit den Raum, den sie braucht, um später heilen zu können.

Ein Grab im Garten

In einem eigenen Garten darfst du deinen Hund beerdigen, sofern er keine ansteckende Krankheit hatte und das Grundstück nicht im Wasserschutzgebiet liegt. Erkundige dich sicherheitshalber bei deiner Gemeinde, bevor du anfängst zu graben. Das Grab muss mindestens 50 Zentimeter unter der Bodenoberfläche liegen. Wenn du auf dem Land wohnst, wo auch Wildtiere unterwegs sind, empfehle

Die geliebte Gefährtin ist gestorben und jeder nimmt auf seine Weise Abschied von ihr.

Foto © Dorothee Dahl

Der Abschied von jeder einzelnen Hundeseele tut weh.

ich dir, etwa 80 bis 100 Zentimeter tief zu graben, damit kein anderes Tier an dieser Stelle buddelt.

Einäschern

Deinen verstorbenen Hund einäschern zu lassen bietet dir die Möglichkeit, seine Urne zu begraben, sie bei dir zu Hause aufzubewahren oder die Asche zu verstreuen. Tierkrematorien begleiten dich von deinem Anruf bis zur Entgegennahme der Urne. Du kannst dein Tier bringen und in aller Ruhe in den dafür vorgesehenen Räumen des Krematoriums Abschied nehmen oder deinen Hund bei dir zu Hause oder in der Tierarztpraxis abholen lassen. Die Asche holst du in einer Urne ab, die du vorher ausgesucht hast, lässt sie dir per Post schicken oder sogar bringen. Wenn du möchtest, kannst du auch einen kleinen Teil der Asche verwenden, um daraus ein Schmuckstück oder ein anderes Erinnerungsstück herstellen zu lassen. Im Anhang findest du Ansprechpartner und Adressen.

Tierfriedhof

Falls du keinen Garten hast und auch die Urne deines eingeäscherten Hundes nicht zu Hause aufheben möchtest, kannst du dich für die Bestattung der Urne deines Gefährten auf einem Tierfriedhof oder in einem Friedwald entscheiden. Manche Tierarztpraxen oder Tierkliniken bieten Unterstützung bei der Suche eines geeigneten Bestattungsortes an. Erkundige dich ansonsten bei deiner Gemeinde oder wende dich an die im Anhang dieses Buchs genannten Adressen, um eine geeignete letzte Ruhestätte für deinen verstorbenen Hund zu finden.

Der Nachfolger

Niemals kann ein neuer Hund dein geliebtes Familienmitglied ersetzen. Auch wenn es nicht leicht ist, eine Zeit lang ohne Hund zu sein, wird es dir wahrscheinlich helfen, erst einmal in Ruhe zu trauern und dich nicht gleich mit einem quirligen Welpen oder einem neuen erwachsenen Hund abzulenken. Auch für Kinder ist es wertvoll, bewusst vom alten Hund Abschied zu nehmen und die gemeinsame Zeit zu würdigen. Trotzdem gibt es hier kein Richtig oder Falsch; wenn du dir einen neuen Hund wünschst, wird er bestimmt genau zum richtigen Zeitpunkt in dein Leben treten.

Ein neuer Gefährte, der irgendwann der Nachfolger des verstorbenen Hundes wird, hat es verdient, nicht mit seinem Vorgänger verglichen zu werden. Bestimmt wird er sich nach und nach seinen ganz eigenen Platz in deinem Herzen erobern.

Welpe und alter Hund?

Aus Angst vor der Leere im Haus holen sich manche Menschen einen Welpen ins Haus bevor der alte Hund gestorben ist. Ich gebe dabei zu bedenken, dass der quirlige Neuzugang dem Senior zu viel werden könnte. Außerdem ist es schwierig, Aufmerksamkeit und Zeit für beide gleichermaßen aufzubringen.

Irgendwann kann man sein Herz wieder für einen neuen Hund öffnen, was nicht bedeutet, dass man den anderen jemals vergessen wird.

Story

Gerlinde hatte noch nie einen Hund, als sie Hagi übernahm, weil ihr Vater nicht mehr für die Hündin sorgen konnte. Sie beschreibt, wie die Hündin ihr Herz erobert hat und wie die beiden zusammen durch dick und dünn gegangen sind.

Foto © Gerlinde Gröll

Papas letzte große Liebe

Gerlinde erzählt: „Hagi, die mit vollem Namen Hagar Vitris Bohemia hieß, war schon neun Jahre alt, als sie zu meinem Vater kam. Viele Jahre war sie als Zuchthündin quer durch Europa gereist und hatte für ihren Züchter viele Pokale und Medaillen gewonnen. Nun sollte die Malinois-Dame ihren Lebensabend im gemütlichen Haus meines Vaters verbringen, zu dem auch ein großer Garten gehört.

Papa spazierte mehrmals am Tag mit Hagi in den Wald hinterm Haus, fuhr mit ihr ins nahe Wien, um in der Prater Hauptallee zu flanieren, und nahm sie auch sonst fast überall mit hin. Hagi und mein Vater waren ein Herz und eine Seele. Manchmal sprang ich ein, um auf die Hündin aufzupassen, wenn mein Vater sie nicht mitnehmen konnte. Das war anfangs nicht leicht, denn sie vermisste ihr Herrchen so sehr, dass sie jammerte, bis er wieder da war. Wir gewöhnten uns bald aneinander, und das war gut so, denn mein Vater wurde schwer krank. Ich kümmerte mich um beide und war gerührt, dass Hagi ihrem zweibeinigen Freund nicht von der Seite wich.

Als mein Vater ins Krankenhaus musste und erstmals über Nacht wegblieb, war sie unruhig. Immer wieder lief sie zum Gartentor, um zu schauen, ob das geliebte Herrchen wieder nach Hause kam. Ich wusste, dass das Leben meines Vaters bald zu Ende gehen würde, und irgendwann ist er nie mehr nach Hause zurückgekehrt. Glücklicherweise durfte Hagi noch einmal zu ihm auf die Palliativstation im Krankenhaus. Ich versprach meinem Vater, dass ich mich um Hagi nach seinem Tod kümmern würde. Kurz darauf starb er. Hagi war Papas letzte große Liebe.

Als ich aus dem Krankenhaus zurückkam, hüpfte Hagi zu mir aufs Bett und kuschelte sich fest an mich. Sie wusste ganz genau, was passiert war.

Nun gingen wir gemeinsam durchs Leben. Hagi war mein erster Hund und ich zog aus meiner kleinen Stadtwohnung zu ihr in das Haus meines Vaters. In meinem alten klapprigen Cabrio bekam sie einen Ehrenplatz auf dem Beifahrersitz. Im speziell gepolsterten Körbchen und natürlich mit Anschnallgurt. Man konnte spüren, dass sie den Fahrtwind in der Frühsommerwärme genoss, und ich meine sogar, dass sie so manchem anderen Autofahrer zuzwinkerte. Wir fuhren ab nun jeden Tag gemeinsam nach Wien zur Arbeit und sie wurde zu einem beliebten Bürohund. Hagi und ich waren Freundinnen und Seelentröster. Auf ausgedehnten Spaziergängen konnte ich meine Gedanken ordnen, und die aktive, mittlerweile zwölfjährige Hündin genoss es sichtlich, an den schönsten Orten rund um Wien unterwegs zu sein. Sie war das wertvollste Geschenk, das mein Vater mir hinterlassen hat, obgleich sie mein Leben komplett auf den Kopf stellte. Ich habe so viel von ihr gelernt: Ruhe, Gelassenheit, Zuverlässigkeit, frühes Aufstehen und vor allem bedingungslose Liebe. Niemals zuvor hatte ich ein anderes Lebewesen so sehr geliebt wie Hagi.

Kurz nach ihrem 15. Geburtstag mussten wir Abschied nehmen. Unsere kleine glückliche Welt gab es plötzlich nicht mehr. Ich war unsagbar traurig und gleichzeitig dankbar für die drei gemeinsamen Jahre.

Drei Wochen später rief ich den Züchter an und fragte nach einem älteren Hund. Fast zeitgleich war Hagis Enkeltochter Magia auf Umwegen wieder beim Züchter gelandet und suchte ein neues Zuhause. Was für ein unglaublicher, glücklicher Zufall. Seitdem ist Maggie, wie ich sie nenne, an meiner Seite, und ich spüre, dass wir nicht alleine unterwegs sind: Hagi und Papa begleiten und wachen über uns.

Hagi und Maggie ähneln einander sehr. Nicht nur optisch. Um den Charakter meiner Mädels zu beschreiben, würde ich Eigenschaften wie sensibel, hochintelligent, treu, selbstständig, zärtlich, liebevoll und ehrlich nennen."

Foto © Gerlinde Gröll

Die alte weise Hagi (links oben) war Freundin und Lehrmeisterin zugleich. Maggie wurde die ebenfalls sehr geliebte Nachfolgerin von Hagi.

Mein Tipp:

Mit Hagi und Maggie kamen Hunde in mein Leben, die beide schon älter waren. Ich habe damit so gute Erfahrungen gemacht, dass ich andere Hundefreunde ermutigen möchte, einer heimatlosen grauen Schnauze ein neues Zuhause zu schenken.

Alte Hunde sollten mit einer Jacke nach Maß vor Kälte und Nässe geschützt werden, es sei denn, sie haben ein besonders dickes Fell.

Foto © Janine Hegendorf

Anhang

In diesem Kapitel habe ich Bezugsquellen, Produkte und Links zusammengestellt, die die Betreuung alter Hunde erleichtern können. Da dieses Buch im gesamten deutschsprachigen Raum gelesen wird, werden Adressen in Deutschland, Österreich und der Schweiz genannt.

Bezugsquellen, Produkte und hilfreiche Links

An verschiedenen Stellen in diesem Buch spreche ich über Hilfsmittel, vorbeugende und unterstützende Produkte, die den Alltag mit einem alten Hund erleichtern. Diese habe ich in der folgenden Übersicht zusammengefasst. Ich nenne Initiativen, bei denen man alte Hunde adoptieren oder ein Netzwerk zum Thema alte Hunde finden kann. Bei diesen erfahrenen Experten für alte Hunde gibt es Beratung, Unterstützung und ein dankbares Arbeitsfeld, falls man selbst aktiv werden möchte. Außerdem findest du hier Hinweise zur Arbeit und zu den Büchern von Ursula Löckenhoff, die das Vorwort zu diesem Buch geschrieben hat. Weitere Buchempfehlungen sowie Adressen von Tierkrematorien und Tierfriedhöfen sind ebenfalls in diesem Kapitel zu finden.

Produkte für die Pflege alter Hunde

Ich empfehle ausschließlich Produkte, die ich selbst kennengelernt und erprobt habe. Deshalb dient diese Liste vor allem zur Orientierung.

Hochwertige Futtermittel und Nahrungsergänzungsprodukte, Zahnpflegeset und Notfallapotheke nicht nur für alte Hunde findest du im Shop der Firma www.lila-loves-it.com. Auch der Schnüffelteppich kommt aus dem Hause der vierbeinigen Seniorchefin Lila, die mit ihrer Geschichte in diesem Buch vertreten ist.

Krallenkappen Soft Claws®, um schmerzhafter Abnutzung der Krallen durch Schlurfen oder das Nachziehen einer Pfote vorzubeugen. Achte hierbei unbedingt auf die richtige Größe und gehe sehr vorsichtig mit dem beigefügten Sekundenkleber um. Wenn du dich nicht selbst herantraust, kannst du die Krallenkappen auch beim Tierarzt oder bei einem erfahrenen Hundefriseur anpassen und aufbringen lassen.

Dentalspray, zum Beispiel Medidog Dental Fresh & Clean, wird zusätzlich zur Zahnpflege angewandt und hilft dabei, Zahnsteinbildung und Maulgeruch zu reduzieren. Hinweise auf der Verpackung beachten.

Orthopädisches, wasserfestes Hundebett mit Wechselbezügen, urgemütlich und inkontinenzerprobt, gibt's bei www.sabro.de oder in der Schweiz bei www.mypet.ch.

Waschbare Hundewindeln für Rüden und Hündinnen:
www.piccobello-hundewindel.de

Bandagen für Hunde mit Durchtrittigkeit:
www.petphysio-shop.de, oder in Österreich bei: www.tierschuh.at

Initiativen und Netzwerke für Hundesenioren

Es gibt erfreulicherweise viele Ansprechpartner für alte Hunde in Not und wir können hier nur einige nennen. Örtliche Tierheime und Tierschutzvereine helfen ebenfalls gern weiter, wenn es darum geht, Unterstützung bei der Vermittlung in der Nähe zu finden.

Deutschland: Seniorenhunde adoptieren
www.vier-pfoten.de
Begegnungsstätte für Hunde- und Menschensenioren, Vermittlung
www.tierschutz-sonnenhof.de
Pflege und Vermittlung für alte Hunde
www.omihunde-netzwerk.de
Österreich: Seniorenhunde adoptieren
www.vier-pfoten.at
Förderung der Adoption älterer Hunde
www.tierquartier.at
Vermittlung alter Hunde
www.tiko.or.at
Schweiz: Seniorenhunde adoptieren
www.vier-pfoten.ch
Schweizer Tierschutz STS
www.tierschutz.com

Ursula Löckenhoff, Hundehotel und Bücher

Hundehotel Bene Bello,
Ursula Löckenhoff, www.bene-bello.de
Bücher von Ursula Löckenhoff
(erschienen im KOSMOS Verlag):
Dogwalk, Gemeinsam unterwegs – Ideen für eine glückliche Mensch-Hund-Beziehung
Dogteam, Mehrhundehaltung – Für ein entspanntes Miteinander
Raumdenken in der Hundeerziehung – Erziehungshilfe über Raumvorgaben

Sanfte Tiermedizin

Dr. Gundula Gloßner hat mich zu den tiermedizinischen Themen in diesem Buch beraten und viele wertvolle Tipps beigesteuert. Wer mehr über ihre Ausrichtung der sanften Tiermedizin wissen und ihr ganzheitliches Therapiekonzept kennenlernen möchte, kann sich auf der Website der Tierärztin informieren: www.sanftetiermedizin.de

Bücher zum Thema Beschäftigung

Nicole Röder, **Bindungsspiele für Hunde,** Cadmos Verlag 2022
Christina Sondermann, **Das große Spielebuch für Hunde,** Cadmos Verlag 2022
Bookazin SitzPlatzFuss, Sonderausgaben zu den Themen Nasenarbeit, Kopfarbeit und Dogs with Jobs, ebenfalls erschienen im Cadmos Verlag

Tierkrematorien und Tierfriedhöfe

Deutschland:
www.tierkrematorium-cremare.de
www.rosengarten-tierbestattung.de
www.anubis-tierbestattungen.de

Österreich:
www.aevum-tierkrematorium.at
www.tierbestattung-seelenfreiheit.at
www.tierbestattung-oesterreich.at

Schweiz:
www.tierkrematorium.ch
www.rosengarten-tierkrematorium.ch
www.tier-friedhof.ch

Bedingungslose Liebe

Mit Hunden leben zu können ist für mich ein großes Geschenk. Als ich meinen Mann vor über 30 Jahren kennengelernt habe, sind ziemlich bald zwei quirlige Welpen eingezogen und seitdem hat es keine Zeit mehr ohne Hunde gegeben. Wir hatten das große Glück schon mit einigen außergewöhnlichen Hundepersönlichkeiten unser Leben teilen zu dürfen, von denen wir jeden Tag aufs Neue gelernt haben.

Wir hatten immer mehrere Hunde, aber während ich dieses Buch geschrieben habe, war nur noch einer übrig: Lennox, der Whippet, der mich noch einmal mehr Gelassenheit, Rücksicht und Demut gelehrt hat. Mit seinen 17 Jahren bestimmt er den Rhythmus des Tages und häufig den der Nacht. Er bringt uns zum Lachen und manchmal auch zur Verzweiflung, lässt uns bei jedem seiner Schritte aufhorchen, aber vor allem lässt er uns jeden neuen Tag mit ihm dankbar genießen.

Mein Anliegen mit diesem Buch ist es, Hundebesitzern zu zeigen was ein alter Hund braucht, damit es ihm wirklich gut geht. Ich wünsche mir, dass allen Lesern bewusst wird, wie wertvoll die Zeit mit dem alten Gefährten ist und wie bereichernd diese Beziehung sein kann, wenn man bereit ist, sich wirklich darauf einzulassen.

Alle Anregungen, Tipps und Anleitungen in diesem Buch sind in Zusammenarbeit mit Hundeexperten entstanden und die Besitzer alter Hunde, die ihre Storys in diesem Buch erzählen, haben wichtige eigene Anregungen beigesteuert.

Dorothee Dahl

Die Autorin mit ihrem Whippet Lennox, der auf diesem Foto stolze 17 Jahre alt ist.

Foto © Janine Hegendorf

Danke

An diesem Buch haben viele Menschen in unterschiedlichster Weise mitgewirkt. Allen danke ich von Herzen, denn ohne euch wäre es nicht so reichhaltig, bunt und voller Geschichten aus besonderen Hunde- und auch Menschenleben.

Danke an Ursula Löckenhoff, die das Vorwort zu diesem Buch geschrieben hat und die alles gibt, um alten, jungen, schnellen und etwas langsameren Hunden ein glückliches und hundegerechtes Leben zu bieten. Ich bewundere deine Konzepte und lerne gern von dir.

Dr. Gundula Gloßner danke ich für ihre professionelle und sehr hilfreiche tierärztliche Beratung zu den medizinischen Kapiteln. Und dem Team von LILA LOVES IT für die tolle Unterstützung mit Ernährungstipps, Fotos und der Geschichte der Seniorchefin.

Ein riesengroßes Danke geht an die Fotografin Janine Hegendorf. Dies ist unser drittes gemeinsames Buch und bestimmt nicht unser letztes, denn seit den ersten Fotosessions verbindet uns eine wertvolle Freundschaft. Kein Fototermin ohne Models und ansprechende Locations, deshalb danke ich hier von Herzen Bettina und Lena Hachmann mit Lars und meinem Mann Frank Fritschy für fröhliche und geduldige Tage vor der Kamera.

Sandra van den Boom hat sich nicht nur mit ihrem lustigen Hund Takk fotografieren lassen, sondern hat auch erzählt, welche Bedeutung dieser Hund in ihrem Leben hat. Freiherr von Loë hat uns freundlicherweise die wunderschöne Kulisse von Schloss Wissen zur Verfügung gestellt, für die ich ebenfalls sehr dankbar bin. Es ist nicht selbstverständlich, in so ehrwürdigen Mauern fotografieren zu dürfen.

Nadine Peeters hat zusammen mit Kerstin Coenders ihren kleinen Schatz Jimmy für dieses Buch abgelichtet und aus dem Leben des kleinen coolen Vierbeiners erzählt. Ganz lieben Dank, dass ihr keine Kosten und Mühen gescheut habt, die passenden Orte zu finden und sogar den Sonnenuntergang abzuwarten.

Meine kleine Schwester Barbara Paikert fotografierte ihre wunderbare Finja auf der Autorampe und den Künstlerhund Chaplin im Atelier. Danke, dass du dir die Zeit genommen hast, diese beiden Aufträge zu realisieren.

Gerlinde Gröll und Greta Grünsteidl danke ich mit großer Bewunderung für die grafische Arbeit an diesem Buch. So schön, dass ihr wieder ein kleines Kunstwerk daraus gemacht habt. Und ein extra Dank geht natürlich noch an Gerlinde für die Geschichte ihrer Hündinnen Hagi und Maggie.

Allen anderen, die ebenfalls eine Story von ihrem eigenen alten Hund beigesteuert haben, danke ich für eure Bereitschaft, Offenheit und Zeit, die ihr euch genommen habt, um über eure individuellen Erfahrungen zu berichten.

Mein Dank geht an Bettina Becker, die mir immer, wenn ich ganz besonders dringende Hundefragen habe, mit viel Geduld und wichtigen Tipps zur Seite steht und an Margit Albrecht und Violetta Zerni, die ihre Hundegeschichten mit uns teilen. Was für ein Glück, mit euch allen in Kontakt zu sein und gemeinsam so etwas Schönes realisieren zu können!

Stichwortregister